Cat Behavior

貓咪行為學全圖解

推薦序

愛上貓，從了解貓開始

貓，在埃及文稱為 MAU，也就是 To See。貓咪的眼睛就像月亮反映著太陽，這個遠古被當做神一般被膜拜的生物，卻也曾因為宗教鏟除異教徒而被誣陷為魔鬼的化身，撒旦的僕人。

人會愛上貓，是因為牠是一個完美的狩獵者，沒有完全被馴化的物種，保有太多您無法想像的執著，與其說牠沒有完全被馴化，還不如說貓咪馴化了人類。譬如說，人類也特別喜歡在寒冷的冬天，坐在客廳開著暖爐，讓貓咪趴在腿上。

但這樣一種完美的生物，到如今在生活卻衍生出許許多多的問題，例如不用貓砂、抓花您的家具、打架、打破您的花瓶……等問題行為，另外還有許多如知覺過敏、幻覺幻聽、刻板行為、強迫症等行為問題。其實，太多的問題原本根本不是問題，而是因為養貓的人不了解貓，因為錯誤的社會化過程、不當的訓練，或沒有滿足貓咪的基本需求而產生。

人類往往會因為自己是人類，覺得因為我可以，所以我就可以。但用這種態度來面對貓咪，不但無助於人貓關係的建立以及維持，反而會導致貓咪和您的關係破裂。再加上因為貓咪缺乏修補社交關係的能力，而人不懂貓咪又不願意花時間去了解貓咪，導致關係惡化，最終以雙輸收場。許多貓因此流浪街頭，人也因為不了解貓而受傷。

在養貓前我們需要學會尊重貓咪，尊重生命，並且遵循羅赫利茲（Irene Rochlitz）於 2005 年建議家貓應符合的五個自由：

1：免於口渴飢餓以及營養不良的自由（Freedom from thirst, hunger and malnutri-tion）

2：免於不舒服的自由（Freedom from discomfort）

3：免於疼痛，受傷以及疾病的自由（Freedom from pain ,injury, and disease）

4：免於害怕及痛苦的自由（Freedom from fear and distress）

5：讓貓咪能夠在面對同類及人類時，有表現自然行為的機會。
（Provision of opportunities to express most normal behaviour, including patterns directed towards conspecifics and toward humans）

這是養貓前的基本認知。然後，再來談怎麼養貓：

您想要養一隻讓您每日生活宛如被皇上寵幸一般的貓咪嗎？這是所有貓奴的期盼。其實這一點都不難，只要您立即閱讀這本淺顯易懂的書。作者不但扎實地學習過貓咪的行為課程，自己也是一名超級貓奴。透過她解決的無數問題行為經驗，加上豐富的知識，您將更能夠快速進入貓咪的世界，理解牠們，滿足牠們的基本需求，強化您每日療癒的養貓生活。身為她的老師，我很以她為榮！

建議您不要閱讀這本書，因為您可能會永遠愛上貓！

戴更基（台灣動物行為專家、大敦寵物醫院院長）

自　序

貓咪經常是對的

　　我是一個單純喜歡小動物的人，因緣際會養了第一隻貓「ＮＮ」，當時牠才兩個多月。養貓之後，我最大的疑惑是，每天下班除了發現貓咪又長大了一點之外，好像沒看過牠睡覺？又或者是我工作太累，前一秒看到ＮＮ在沙發旁，下一秒牠已經出現在我眼前……是我眼花，還是貓真的會瞬間移動？

　　剛養貓的我還只是個跑動物醫院的保健食品業務，但奇怪的是，與獸醫們談起ＮＮ時，經常我提出二十個疑問，卻能得到獸醫師們三十種不同答案。到底誰對誰錯？或許大家都對？真令人困擾。做為飼主，我想知道ＮＮ到底快不快樂？需要什麼？為什麼出現這樣或那樣的行為？於是開始踏上尋找答案的道路。

　　自從成為行為訓練師後，協助飼主處理一些貓咪的行為問題，我發現，大多數貓咪其實本身並沒有問題，有問題的是主人因為不了解而產生錯誤認知，在事發當下做出了錯誤的回應，或者貓咪的基本生活需求不被滿足，因此累積形成問題。更貼切地說，其實「貓咪的行為是在反應牠遭遇的問題」，而人們卻經常卻誤會是貓咪製造了問題。

　　養貓理應是一件療癒又輕鬆的事，若想改變相處上的窘境，請從理解貓咪開始。

單熙汝

目 錄

Part 1

貓咪和你想的不一樣——

從生活需求、天性本能了解貓

貓的五大
基本生活指標

「我家的貓為什麼一看到窗外有鳥飛過，就發出奇怪的『咖咖』聲？他是不是討厭小鳥？」

「家裡的貓成天都在睡覺，是不是有嗜睡症？」

「半夜大家都睡覺了，牠還在屋裡走來走去，在沒有人的房間裡遊蕩，是不是因為貓看得見阿飄？」

「我的貓一直在理毛，牠是不是覺得身上很髒？想要洗澡？」

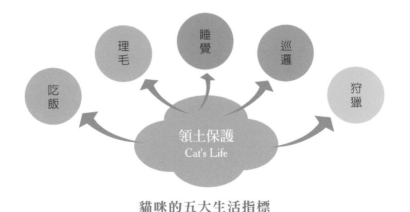

貓咪的五大生活指標

如果觀察貓咪，就會發現，正常的貓，每天在想的事情就是吃飯、理毛、睡覺、巡邏、狩獵！這五件事情對貓來說一樣重要、一樣都不能少，而且每天都要跑過幾個來回。

這五大基本需求極為重要，幾乎建構了貓日復一日的生活主

題，只要貓沒有生病，牠就會堅持完成這五項活動。反之，如果貓病了，牠就無法完成這五項基本需求。因此藉此觀察貓咪的行動狀況，對主人來說，也是很好的健康判斷標準。

吃飯：一日多餐，自由進食

貓咪視食物為重要的資源之一。正常的貓，每天分四至六餐進食。

因為是純肉食性動物的緣故，貓攝取的動物性蛋白質不會存在於腸胃道太久，以防腐敗，所以不適合一天固定一至兩餐的餵食方式。

飼主供餐必須考慮到貓咪的年紀及生理狀態，例如幼貓、懷孕貓或是哺乳母貓通常食量是一般成貓的二到三倍，建議給予的充足的食物量，以「讓貓吃飽」為原則。

如果貓咪沒有過於肥胖的問題，最好應提供充足的主食讓貓咪自由進食。

——— 品種不同，幼貓界定不一樣 ———

通常說幼貓，是指一歲以內的小貓。但某些品種貓「成熟」時間較晚，例如布偶貓（Ragdoll）的成熟年紀大約在三歲左右，而挪威森林貓（Skogkatt）的成熟年紀大約要到五歲。

理毛：貓咪本身就是清潔大師

整齊、乾淨並且沒有異味的毛髮，是貓咪健康的象徵。這不是指洗過澡後貓咪的身體清潔度，而是貓平日天天理毛必須達到的標準。

　　貓咪每天大約會花上五分之一的時間在整理毛髮。除了清潔，也為了緩解壓力，更重要的是貓咪透過清潔，降低體味以防被敵人發現。

　　因此如果貓咪必須為醫療需求而戴頭套，就要考慮到牠無法理毛可能產生的各種行為問題。

貓不一定要洗澡

除非療程需要（如皮膚疾病），或是飼養品種為加拿大無毛貓（斯芬克斯貓，Sphynx），否則一般的貓咪即使一輩子不洗澡也沒有太大問題，因為牠們會自行整理、打點。無毛貓皮膚油脂的分泌無法透過毛髮來吸收，且皮膚皺摺較多，所以必須經常洗澡。

貓咪小常識

睡覺：貓需要專屬睡眠區

　　成貓每天大約會睡上十六個小時，相當每日有三分之二的時間都在睡覺，這也意味著睡眠對貓咪來說非常重要。

　　飼養貓咪時，必須幫牠準備「專屬休息區」，而不是與飼主共用沙發或床鋪。

　　「專屬」的定義是「不會有其他動物或貓咪與牠共用貓床」，讓貓隨時能夠安心睡上幾個小時。通常一隻貓會需要三到五個安心的地點來休息睡覺，飼主可以在原本牠已選擇的沙發上，再放上牠專屬的貓床，或是另外選擇其他地點安排睡眠區，引導貓咪過去休息。

巡邏：貓比你更清楚家裡的風吹草動

你有沒有發現，你家的貓經常在家裡四處遊走，即使是半夜或是空房無人，牠也得鑽進去逛逛、東看西看？

貓咪每天會固定遊走，巡視「牠的領土」是否一如往常，並查看是否有可疑的事物及有沒有可捕捉的獵物？牠在巡邏的路上會留下自己的氣味（費洛蒙）並摩爪，以此來和附近的貓咪作「避不見面」的溝通。這是天性，即使養在家中，足不出戶的貓咪也會執行巡邏。

而沒有節育的公貓和母貓，到了發情期會藉由尿液，在多處地方留下自己獨特的氣味，目的是為了讓其他發情的貓咪循著味道找到彼此，以繁衍後代。

家貓的活動範圍有限，很難評估牠可以巡邏多大範圍。但以野貓來說，沒有結紮的公貓巡邏範圍最廣，一隻貓巡邏的範圍約九〇七坪左右，母貓的巡邏範圍大約是公貓的三分之一。

狩獵：家貓，仍然有獵捕的需求

享受追捕獵物的快感，成功捕捉到後宰殺，最後再將獵物叼回堡壘或是就地享用，這個過程我們稱之為打獵。打獵對於貓咪來說是天性、是使命，即便被人飼養後不需要打獵即可獲得食物，但牠們仍有獵捕的需求存在。

打獵除了獲取食物以外，對貓咪來說還有另一個重大的意義——釋放壓力並建立自信心。

貓咪經常同時扮演狩獵者以及被狩獵者，透過打獵的活動練習良好的狩獵技巧。在面對敵人時，逃走或反擊的勝算較高。

狩獵對貓咪來說是天性的一環

野貓在戶外的狩獵對象，通常是鳥雀、老鼠或相關小動物，但家貓如何進行獵捕以磨練技巧、減壓並獲得自信呢？那就得靠玩耍了。

利用逗貓棒吸引貓追撲，或用其他玩具讓貓咪抓咬、追逐，都能夠滿足貓咪狩獵需求。因此足以吸引貓咪跑跳追逐、撲抓滾咬的遊戲，與足夠的遊戲時間，讓貓能夠盡興玩耍，對家貓而言是非常重要的一件事。

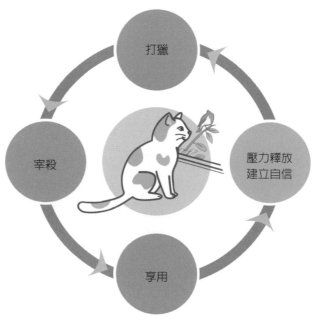

貓的狩獵天性

天性是無論如何一定要被滿足的。許多貓咪的行為異常，都來自於這五項基本生活指標沒有被滿足！這也就是說，一隻貓要活得健康快樂，最基礎的需求是：吃飽、盡情梳理毛髮、有能令牠能夠安心休息的睡窩、滿足巡邏探索需求的空間並透過打獵釋放壓力！滿足這五項指標，許多行為異常自然能夠被化解，貓咪也會有比較高的健康指數。

貓咪的
天性行為

　　很多人覺得貓咪是外星來的生物，態度冷淡疏離，反應也很獨特，無法用常理去理解牠們的小腦袋在想些什麼，於是在與貓相處的過程中彼此發生衝突。

　　但多數衝突的形成，並不是因為貓很奇怪，而是貓的天性如此。貓咪的行為問題通常都出於沒有滿足牠的潛在天性，一旦天性得到滿足，行為問題也就自然消失了。

貓有探索及狩獵的欲望

　　前面提到貓咪會巡邏，這是貓咪探索資源的天性表現。在巡邏的同時，貓會探索食物、飲水的所在地，和尋覓令貓能安心歇息的休

息區，並尋找新的發現、嗅聞附近其他貓咪所留下來的氣味……

在了解貓咪的探索天性之前，我們先要明白，貓是「定居型態」的動物，牠的生活範圍簡單可分為：私密區、社交區、核心區。

什麼是「定居型生物」？在資源充足的環境中，貓咪通常在一地出生、在一地長大，牠雖然會逐漸擴大自己的活動範圍，但只要環境狀況良好、資源充足，沒有恐懼與威脅，貓咪就會長期在這個環境中生活，不會輕言離開。

而就生活範圍來說，私密區是指貓咪能夠安心休息、睡覺的地方，必須安全、設備齊全，僅能一貓獨享；社交區是指貓咪可以接受與朋友遊戲、交換訊息（氣味）的地方；核心區則是指貓巡邏、打獵的活動範圍。

生活在戶外的貓咪除了在這三區範圍內活動之外，還會不斷向外遊走，漸漸擴大活動範圍。飼養在家中的貓咪因為室內空間的限

貓咪是定居型生物，生活範圍區分清楚

制，在區域劃分上可能不明顯，但飼主經常會發現，越是禁止貓咪去某些地方探索，牠就越想去一探究竟。有人覺得「貓咪充滿好奇心」，這份好奇心就來自於探索資源的欲望。

除了探索，貓咪也喜歡狩獵。有時候我們會發現貓咪獨自玩著地上靜止的小東西，或是躲在某處埋伏，眼睛盯住某個目標後展開追捕；有時候也會看到貓咪好像遭遇假想敵一般地竄逃奔跑，這些行為都是表現牠狩獵的欲望。

身為掠食者，掠食的欲望會促使貓咪「模擬狩獵」，嘗試預測獵物的各種逃脫路線及追捕方式。

而貓咪這種的單獨遊戲的行為，常被飼主們形容是「自嗨」！

竄出門的貓

有些家貓對於外面世界深具好奇心，總趁主人開門的同時往外衝！但衝出去之後並不會跑遠。牠可能站在門口發呆，或是停在門外不遠處打滾。如果你發現貓有這種行為，就表示牠已經把家裡的「領地」都巡邏完了，想到外頭去探索新世界！

貓咪也有挫折感

沒錯！貓咪是容易產生挫折感的小動物，累積過多的挫折感，容易令貓咪放棄，不願意再作嘗試或甚至導致牠具有攻擊傾向（就這點上來說，喵星人跟人類很像）。

適當的挫折感不見得是一件壞事，挫折感能夠讓貓咪產生「解決問題的欲望」，促使牠學習一些新的技巧或手段，以達到目的。

貓咪的挫折感不易在發生的當下就被主人察覺，往往是累積一段時間後表現在其他明顯的行為上，才為人所注意。生活中容易產生挫折感的事件包括：貓咪無法追捕接近窗外的小鳥、抓住玻璃外的小蟲，或是執行特定目的卻沒有達到自己的預期。

以獵捕不到窗外小鳥為例，如果這份挫折感已經產生，貓咪會自行尋求其他可以狩獵成功的獵物來平衡挫折感。牠可能透過追捕屋內的蒼蠅或是其他昆蟲，因此學習到了狩獵屋內蒼蠅和昆蟲的技巧，成為每天愉快的例行公事，平衡了獵捕不到小鳥所帶來的挫折感。

但假設屋內沒有貓咪可以追捕的小昆蟲，卻有其他同住的貓，也會引發貓咪之間的狩獵遊戲。若兩隻貓都有共同的欲望，彼此互補，就能獲得平衡，否則很容易造成貓咪關係衝突的惡性循環。

總而言之，當貓咪遭遇挫折時會自行尋找可能的替代方式來發洩。如果能夠「剛好找上」可以被犧牲的蒼蠅或昆蟲，那就皆大歡喜，平衡了貓咪本身的挫折感，也無傷於其他家庭成員，但若是牠找上了飼主覺得不妥的其他對象去發洩，就形成了所謂的問題行為。

而解決這個問題的辦法，不是拉起窗簾或是驅趕走小鳥，因為貓咪狩獵的天性即便沒有小鳥出現也依然存在。

最好的方式，是主人學習怎麼與貓咪互動，例如透過遊戲培養貓咪狩獵成功的自信心。

貓咪經常在看見窗外的「獵物」時，牙齒上下撞擊，發出聲響，這是牠對於無法狩獵而產生挫折感的表現

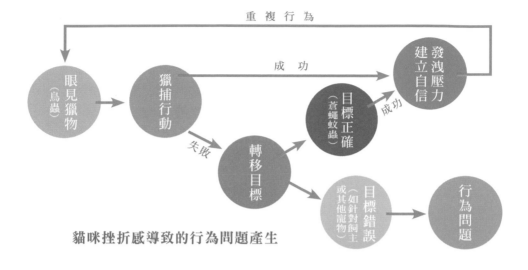

貓咪挫折感導致的行為問題產生

貓的求生反應

　　很多家中養貓的飼主發現，當家裡來了訪客時，在聽到電鈴或甚至只是客人接近大門之前，貓就躲藏起來，久久不肯現身。通常飼主對此的感覺是「貓咪很害羞」、「性格膽小」，但那其實是貓咪因為感覺受到威脅而產生的求生反應，牠會本能地試圖躲避可能發生的傷害，並且善用以往成功躲避的地點藏身。

　　和所有生物一樣，貓會因為害怕而逃躲。當貓咪意識到外在有威脅發生，就會做出自我保護的相應反應。而害怕的情緒一旦發動，貓會保持靜止、逃跑、躲藏，或是根據先前學習到的經驗來做應變。

　　貓咪擅長尋找藏匿地點，通常是從來沒有被陌生人發現過，或是連親近的飼主、家人都沒發現或「裝作沒看見」的死角。如果藏身地被人發現，貓咪便會另外尋找新的地點躲藏。

　　當陌生訪客離開，沒有對貓造成任何不良的驚嚇或事端，牠便會若無其事地重新出現在你面前。

在遭遇突發狀況時，貓咪經常會生出焦慮和害怕的感覺。這兩種感覺對貓而言是不太一樣的，造成的結果也不同。簡單來說，害怕是偶爾的、時間短且突發的情緒，而焦慮則是長時間的情緒壓力，通常是在事情發生前貓就已經預想到即將發生什麼事，而令牠處於長時間的擔憂狀態中。例如例行性到醫院複診，或是生活中令貓倍感壓力但卻每天或經常重複發生的事情。

貓會躲在隱蔽的藏身之處觀察情況，等待威脅消失

只有幼貓會因害怕而尋求保護

同樣是為了生存而產生的求生反應，貓咪在還無法保護自己的年紀時，會有尋求保護的行為。換句話說，當貓咪長大到了能夠獨立的年紀之後，沒有哪一隻貓會保護另一隻貓，也沒有哪隻貓會呼喚其他貓咪來保護自己。正常狀態下，貓咪會發展成自己保護自己的生存模式。

離群、走失或需要幫助的幼貓，會發出如哭聲一般的呼喊，這是為了讓母貓能夠循著聲音找到牠，把牠拾回窩裡，同時注意到幼貓的個別需求（如飢餓、寒冷等等）。這種尋求母貓保護的哭聲，到了牠足以獨立的年紀以後就會消失。只有在幼貓時期，小貓才會對母貓發出哭叫聲以尋求保護和關注。

成年貓咪會尋求異性伴侶

尋找伴侶是貓咪的天性，為了繁衍後代，貓會積極尋找異性伴侶。對於沒有結紮的貓咪來說，這是一件非常、非常重要的事情，牠們利用尿液和叫聲做為彼此之間遠距離溝通的方式，而近距離的視覺溝通表現也很明顯，例如母貓發情時會在地上打滾。

對於飼主來說，貓尿是討厭的麻煩，但對貓咪而言，貓的尿液裡存有各種「訊息」。母貓和公貓一樣，都會留下尿液來當作訊號，吸引彼此接近，以達到交配的目的，所以「噴尿」並不是公貓的專利。

飼養在家中而沒有做節育手術的貓咪，在受到居住在附近發情貓咪的影響時，會產生很大動力要「逃家」去尋找異性伴侶。這樣的正常生理反應是無法藉由訓練或是環境管理來解決的問題。

貓的社交行為與遊戲欲望

首先我們要知道，通常貓咪是獨居的動物。事實上，許多人會用冷漠和獨立來形容貓咪，但這和貓咪之間具有社交行為的互動並不衝突。

貓咪是需要社交的哺乳類動物。彼此之間的「遊戲互動」，也

是貓咪社交行為中的一種模式。遊戲互動除了培養貓咪的狩獵技巧，也同時培養了貓咪之間的社交技能。如果一隻貓在幼貓時期缺乏與同伴互動，未來很可能會在社交行為中出現障礙。

當貓咪有社交和遊戲欲望的時候，會主動邀請另外一隻貓互動。這裡所謂的互動大概就是追逐遊戲。感情好的貓咪們甚至會互相舔毛。

這些互動大多是「一對一」的模式。而如果兩隻貓同時都處在想要互動的狀態，牠們就會展開社交遊戲。

貓咪之間的互動社交通常是一對一模式

由這個天性可知，貓咪確實需要與同伴一起遊戲，但必須在外在資源分配良好、各自生活都能取得平衡的環境下，貓咪們才能相處愉快。

Part 2

與喵星人的親密接觸──

從認識、互動到建立
信賴關係

貓咪到底在
說什麼？

貓咪總是「喵喵」叫，好想知道牠在說什麼！其實，透過貓咪的叫聲，人們能夠了解牠的狀態，是喜歡還是不喜歡？是放鬆還是害怕？

有些貓非常愛叫，彷彿有問有答，但貓其實沒有發展出和人類一樣能夠對話的「語言」，不會你一言、我一語地溝通，因此牠們的肢體及聲音表達通常僅限於簡單的情緒展現與回應。

想要判讀貓咪發出的聲音，必須同時考量當下的環境並觀察貓咪的肢體反應，因為在不同的狀況下，貓可能會出現同樣的聲音，不能單憑叫聲來斷定。

貓咪心情好時的叫聲

◀ 呼嚕呼嚕 ▶

每隻貓咪的呼嚕聲強弱不同。在幼貓還沒睜開眼的時候，也會透過呼嚕的振動頻率，讓母貓找到自己，這是幼貓與母貓之間的溝通方式之一。

呼嚕還有另外一種意思，類似人的笑容。有時候人會藉由笑容來轉移緊張不安的情緒，而貓咪在外出緊張或是身體不舒服的時候，也會發出呼嚕聲來自我安慰。

平時貓咪在放鬆狀態下主動接近飼主，發出呼嚕聲，代表著撒嬌，大多是要跟主人討吃討玩。

◀ Miaow～ ▶

貓咪與貓咪之間，並不會使用喵叫來對話。貓之所以會對人發出「miaow」的叫聲，是在與主人生活後，透過演化而來的表現。這也就是說，貓只有在對人類的時候才會發出「miaow」的叫聲。

貓咪很聰明，牠們很懂得如何引起人類注意，也知道怎麼用叫聲來取得食物或滿足其他需求。有趣的是，這樣的「miaow」叫只有在發出呼喚的貓與飼主之間才有意義。如果你對其他貓這樣叫喚，牠是聽不懂你在喵什麼的！

如果貓咪突然發出一連串的「miaow」叫聲，對主人來說可能相當難理解，就如同貓咪無法理解飼主對牠說的一長串話語一樣。

不過主人可以回想，先前在此一時間或是在這個地點，有沒有發生什麼令貓咪喜歡或在意的事情，來推測貓咪想表達的意思。即使是大聲長叫，貓咪很可能只是在表達一些簡單的事情，例如牠在問你「昨天在這裡吃到的小魚乾呢」，或是飼主平常會固定在此時與貓咪互動，但偶爾因為忙碌而忽略了，貓咪也會過來用喵叫提醒「是玩逗貓棒的時候了，喵～」。

◀ 咯咯 ▶

這種聲音不像是貓叫，而是有點像「咯咯」的快速連續顫音，每一次發聲大概只有短暫的1～2秒鐘。聲音從喉嚨發出，比呼嚕聲更清楚、大聲一些，發出聲音的時候，貓咪的嘴巴是閉起來的。

貓咪在於活躍狀態或想與其他貓咪、同住的室友互動時，會發出這樣的聲音，類似於表達：「Hi！你好！How do you do？」

好心情的貓叫聲種類

貓叫聲	發聲的狀況	含意
呼嚕呼嚕	幼貓	媽媽，我在這裡！快來找我～
	成貓撒嬌	摸摸我嘛！跟我玩嘛！我餓了，要吃飯！
	貓咪感覺緊張、不舒服	我好緊張，我有點難受！
Miaow（喵）～	對人類發出叫喚	注意我！你忘記了嗎？
咯咯（短顫音）	與其他貓咪或同住者互動	你好，來玩嗎？

貓壞心情時的叫聲

◀ 嘶嘶（哈氣）▶

這是貓最常見具有敵意的聲音。通常在發出這種嘶嘶聲的時候，貓會因為害怕而張大嘴巴，露出一嘴牙齒，試圖嚇退敵人、想要與敵人保持距離，也是攻擊前的最後警告。

通常貓咪被誘捕時，會因為原本的生活與人類沒有交集（或有不良的接觸經驗），卻被突然捕捉，感覺害怕而頻頻哈氣。但有時

候即使貓咪沒有看見有其他貓的存在，但因為聞到不熟悉味道，或是剛到陌生、未知的新環境裡，感覺到擔憂、不安，也會發出嘶嘶的哈氣聲。

貓與貓之間也會透過哈氣來表達「走開！別靠近我」的警告。尤其是彼此不熟悉的貓咪，會優先以警告方式來表達「我不想跟你互動」、「拉開距離、離我遠點」。而即使是彼此熟悉的貓咪，也會因為不想互動而朝對方哈氣。

遇到貓咪哈氣的時候，最好立刻後退，拉開彼此間的距離，眼睛避開避免看牠，身體也不正面面對，令貓咪漸漸放鬆，因為如果再近一步靠近，很有可能會爆發瞬間攻擊的行為。

◀ 低吼 ▶

貓咪的低吼聲音低沉且微弱，帶有高低起伏，大約持續3～4秒左右，在吞嚥口水後繼續低吼。

當沒有看見明顯的威脅目標，可能是遠處傳來的聲音或散發的氣味讓貓咪感覺到被威脅時，貓咪會試圖躲避，並在隱身成功之前持續發出低吼的警告聲音。

◀ 低鳴 ▶

在當不想分享資源的時候，貓咪會發出低鳴聲來警告周圍的其他貓不要靠近，這種狀況通常發生在牠咬住獵物或嘴裡有非常在意的食物時。低鳴的音量較低吼來得小，不注意聽可能不會發現。當貓咪發出低鳴聲時，代表牠在保護資源，也表示牠認為環境資源珍貴、不夠充足。

◀ 大聲尖叫 ▶

貓咪大聲尖叫時，音量非常尖銳，叫聲連續不斷，一聲尖叫可以持續10秒甚至超過10秒以上。通常是貓在感受到威脅程度爆表卻

27

無路可逃，打算用盡力氣與敵人做最後的搏鬥時，才會發出這種叫聲。通常家貓在接受美容（如洗澡）或醫療的時候，或是貓咪在地盤被入侵，僵持不下、互相對峙的時候，都會發出這樣的叫聲。

壞心情的貓叫聲種類

貓叫聲	發聲的狀況	含意
嘶嘶（哈氣聲）	遭遇敵人	走開！給我閃遠點～我不想理你！
	處在陌生環境	這裡是哪裡？我好害怕！
吼～（低吼聲）	感覺危險	危險靠近！我要躲起來～
嗚～（低鳴聲）	保護食物	這是我的～我不要分給你！
大聲、連續尖叫	感受到嚴重威脅，要做最後的搏鬥	救命哪～～～跟你拚了！

貓咪的肢體語言

貓不只是透過叫聲表達想法，也透過肢體動作、反應來表示企圖和意願。牠們尤其擅長透過眼神、耳朵、身體姿態及尾巴動作表達情緒。

想知道貓咪有什麼感覺？

其實牠早就表現出來了呢！

貓的眼神會說話

放鬆和滿足 / 貓的瞳孔細直

好奇 / 瞳孔稍大，眼睛凝視

專注 / 眼睛圓睜，瞳孔更放大些，注意凝視

害怕 / 耳朵壓低，瞳孔圓睜，鬍鬚豎直，渾身發抖

恐懼 / 瞳孔放大到極限，顯示內心極度恐懼

貓的耳朵會說話

放鬆與放空，耳朵朝向側邊不轉動 / 貓咪放鬆或放空時，耳朵展向兩側

專注與好奇，耳朵直立往前 / 貓咪專注或好奇時，耳朵伸直向前，彷彿細聽

害怕或是準備攻擊，耳朵向後向下壓平 / 貓咪感覺害怕或要發動攻擊時，耳朵向後向下壓平

貓咪的動作語言

放鬆、翻肚子睡覺 / 翻肚子睡覺或躺在地上亂滾，表示貓很放鬆

暫時不想移動 / 當貓用尾巴圍住身體站著的時候，表示牠暫時不想移動

不想被打擾，休息中，雙足反折 /
當貓的兩隻前爪反折，像母雞一樣伏
臥時，表示牠不想被打擾，正在休息
中

狩獵模式 / 雙後腿左右輪流小踏步，
並彎曲一隻前腳時，表示牠正處於狩
獵模式，準備突襲

專注、注意 / 貓石化似地專注某個方
向時，表示聽見不尋常的聲響或動靜

貓咪靠近人的身體 / 當貓咪靠近人的
身體磨蹭，尾巴豎直，表示撒嬌，貓
與貓之間也會有相同的表現

面對敵人 / 當貓拱起身體和尾巴，側
身面對目標時，表示牠要挑戰、面對
體積較大的敵人

貓踏踏 / 常見的貓「踏踏」，表示環
境安穩，進入忘我的撒嬌模式

遊戲得很過癮，貴妃側躺 / 貓咪呈現
貴妃側躺，一副懶洋洋的樣子，表示
牠剛剛盡情遊戲或活動過，玩得很過
癮

貓的尾巴會說話

自在與自信，尾巴高舉 / 貓咪自信或感覺自在的時候，尾巴向上高舉

小確幸 / 貓咪覺得滿足或高興時，尾巴末端緩慢擺動

極度興奮 / 當看到主人回家或感覺到極度興奮時，尾巴豎直，微微顫抖

情緒激動 / 貓咪玩遊戲很興奮，或是覺得非常不高興的時候，尾巴會大力左右甩動

害怕及服從 / 當貓咪感覺害怕或表示服從時，會將尾巴夾在雙腿之間

貓咪的喜怒哀樂

從上述內容可以得知，外表看起來冷漠疏離的貓咪，其實也有豐富情緒，人們可以從叫聲、肢體語言中探知一二。

以下以整理貓咪在生活中常見的各種情緒反應，和它所帶來的影響，讓飼主們能夠更清楚理解貓的喜怒哀樂。

◀ 喜歡和厭惡 ▶

同一隻貓對於不同的貓砂盆和貓砂，透過使用頻率不同，可以看出牠的愛好。貓和人不同，不會勉強自己。當牠不喜歡你準備的貓砂盆或貓砂時，便會去選擇「第二喜好」地點上廁所，例如床或沙發。

◀ 自在和害怕 ▶

當貓巡邏時高舉尾巴，是表現牠在自己領地裡，態度自在；但當貓身處陌生環境，尤其是在醫院看診時，蜷曲著身體的姿態，表示害怕。

◀ 放鬆和焦慮 ▶

貓咪很容易感覺到焦慮，當牠遭遇不喜歡、排拒不安的事情，例如與其他不友善的貓共處一室，可能會持續焦慮，無法放鬆，重則甚至影響生理健康。

◀ 開心和恐懼 ▶

貓咪表現出「超級行動力」以回應飼主的時候，代表牠對於眼前發生的這件事是感到開心的。例如看到飼主拿出飼料罐頭時，貓興奮叫嚷或用力磨蹭人的腳，都是在表達快樂喜悅的情緒。

恐懼與前述的害怕是不一樣的兩種情緒。恐懼比害怕更加負面與強烈。

所謂的害怕是指，帶貓咪去醫院時，貓可能因為到陌生環境、接受治療而感覺害怕不安，但離開醫院後就會漸漸恢復。許多貓咪一回到家，又表現出一尾活龍的樣子。

但處於恐懼的貓咪，反應會更加驚恐，例如失控、亂竄或甚至是嚇到尿失禁。如果長時間處於恐懼之中，會造成貓咪的精神創傷。希望每一隻貓咪一輩子都不需要經歷這種遭遇。

◀ 分享與競爭 ▶

是的！貓咪是會分享的動物。貓對於自己接納的同伴（也包含人在內），是很樂於分享的。例如家貓在有限的空間裡，願意與人類分享食物（雖然沒人想吃貓食）和休息區，是最為明顯的表現。

但同樣的，貓對於無法接受的同伴，則會以打架為手段，拚命驅趕對方。

◀ 自信心與挫折感 ▶

前面我們提過貓咪是會感覺挫折的動物，但因為有挫折，牠們也會努力建立自信心。例如在遊戲時，出手抓取獵物是貓咪有自信心的表現之一。

有自信心的貓比較不會時常出現害怕或是消極噴尿、積極打架的情況。

貓咪和人一樣，對於感覺受挫的事情不願意再作嘗試，容易放棄。

所以，下次與貓玩逗貓棒的時候，別忘了適時讓貓抓到牠的「獵物」，而不是讓牠次次撲空！

◀ 興奮與平靜 ▶

在貓咪活躍的時段，陪牠玩最愛的遊戲，會令貓咪進入興奮狀態。在這個時間點上玩逗貓棒，很容易引起貓的興趣，甚至任何移動的東西輕滑而過，都可以令貓咪自己沉迷陶醉地玩上一陣子。反之，在該休息的時段，貓咪對平常喜歡的事情都顯得興趣缺缺，不樂於互動。

◀ 習慣與不習慣 ▶

貓也是會感覺不習慣的！

譬如說，當你突然把牠固定吃飯的地點，移換到其他地方或不同房間，貓咪會顯得不知所措，待在原本的地點發呆。即使主人帶牠到放食物的新位置，牠也不會馬上進食，原因正是不習慣改變。

所以對貓咪做任何調整或改變時，都應該有一個循序漸進的程序，讓貓咪能夠適應。

貓咪的常見情緒與表現

正面情緒	反面情緒	情緒說明
喜歡	厭惡	貓的本性會優先聽從喜好做選擇
自在	害怕	偶爾的害怕（例如去醫院就診），並不會造成貓咪精神上的長久傷害，但應盡量讓貓保持自在，讓牠快樂
放鬆	焦慮	不喜歡的環境、事物、人或其他動物，都會讓貓咪情緒焦慮，難以放鬆
開心	恐懼	恐懼比害怕更負面，容易造成貓長久性的傷害
分享	競爭	貓會與喜歡、接納的人或動物（如家中的其他貓狗成員）分享自己擁有的資源
興奮	平靜	在固定的時間與貓咪玩耍，會讓牠感覺興奮，更加快樂
習慣	不習慣	貓咪對於突如其來的變化，可能會有適應上的困難，因此無論是怎樣的改變，請多給貓咪一些適應期

認識貓咪的
性格

想要跟貓接觸的第二步在於了解貓的性格。很多飼主經常以擬人化的方式去理解貓，或者將對狗的認知，用在貓身上，造成誤解。

許多人都覺得貓咪性格高冷疏離，但牠真的不喜歡與人或其他貓咪多接觸嗎？長毛貓看起來柔軟可愛，牠的個性真的那麼柔弱嗎？除了血緣關係之外，貓與貓之間，又有怎樣的關係和交際圈呢？

個性獨立的貓

一般的貓咪長到六個月左右，就可以完全離開貓媽媽，自立生活。用「獨立」來形容貓咪的性格一點也不為過，光看日常生活中貓咪自理一切的行動就可以知道，牠們能將自己的毛髮梳理得乾乾淨淨，即使一輩子不洗澡也不成問題。如果沒有食物，貓會靠平常練就的「拳腳功夫」狩獵，即使是沒有出外打獵過的貓咪，在必須自己尋找食物的情況下也會漸漸顯現本能……所以，沒有人類主動提供食物的時候，貓咪也未必會走投無路。

更正確的說法是：貓咪認為牠可以處理一切，可以自我保護，能夠管理好自己。

但在飼主們看來，總覺得貓咪還有很多事情是做不到的，譬如說，貓需要協助剪指甲、梳毛和刷牙……但這些行為，大多是為了配合人類生活，另一方面也是為了讓貓咪有更健康的生活品質。不過貓咪無法將打預防針、刷牙等行動與自己的身體健康聯想在一

起，這也是為什麼飼主與貓咪經常發生衝突的原因。所以我們必須學習讓貓咪以牠能夠接受的方式，在壓力最小的狀態下，配合飼主進行日常護理。

貓本質上是獨居的動物

貓咪的獨立也表現牠的居住方式上。

貓咪「獨居」的意思是：每一隻貓都需要有自己專屬而不與其他貓咪共用的資源，包括食物、水、休息區、上廁所的地方，還有其他貓咪在意的東西。

而這樣的獨居還包括在貓咪活動範圍內，一些私密地區是不希望與其他貓咪共處的，就好比即使有兄弟姐妹，但小孩總希望有自己「獨享專用」的房間，我們也不會和不喜歡或是不熟悉的人待在自己的臥房一樣。

照這樣看來，家中豈不是無法養兩隻以上的貓了？正常來說，確實如此。但因為飼主飼養貓咪時會提供豐富的食物，並且將貓節育，把住宅貓化，所以大幅減少貓咪之間互相競爭、奪取資源的壓力。在環境條件達到一個寬容的程度下，貓咪們就能群聚在一起，彼此相安無事。

所以家貓居住的室內環境的條件是否良好，將會直接影響貓咪們能否和平共處。再者，過去的學習經歷以及初次見面的狀況，也會影響貓咪們同住一個屋簷下的可能性。

通常飼主在發現貓咪之間有衝突、相處狀況不良時，已經是「結果」。因為貓咪們感情不好、無法相處的原因，是生活中的許多衝突所導致，如果想要讓貓咪互相適應，必須找出並處理這些衝突，才能彼此和平相處。

更正確的做法是在養貓時，務必事先評估環境條件是否能夠再容納一隻貓，將貓帶進家庭時，也必須循序漸進地介紹新舊貓認識。

貓咪有自己的社交圈

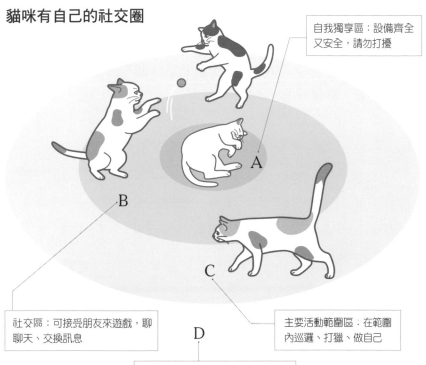

自我獨享區：設備齊全又安全，請勿打擾

社交區：可接受朋友來遊戲，聊聊天、交換訊息

主要活動範圍區：在範圍內巡邏、打獵、做自己

我的家：我喜歡你可以邀請你來，我不喜歡你會把你驅趕走

貓咪社交圈

貓咪生活圈	範圍	活動狀況
A. 自我獨享區	通常指睡臥、飲食的區域	休息、睡眠、飲食
B. 社交區	貓咪平時活動範圍，可與其他友善、素有交集的貓咪互相共享	可以與其他「朋友貓」共享，進行社交活動，或透過氣味交換彼此訊息
C. 主要活動範圍區	貓咪守備的活動範圍	巡邏、打獵
D. 我的家	範圍不斷向外擴張的外圍	不認識的貓也能進入，但如果被討厭就會被趕走

貓咪雖然獨居，但仍有社交需求。貓咪社交的地點，會在彼此的社交區之間。

成貓與成貓之間，大部分的時間是避免互動的。貓不喜歡有太多實際的肢體接觸。為了避免衝突，當貓咪發現附近有不熟悉的貓會固定經過時，他們會自行錯開彼此經過的時段，避免正面接觸。

貓咪最需要社交的階段，發生在幼貓時期，渴望社交遊戲，到了成貓階段，就是尋求配偶的時候。

神秘的貓咪會議

你有沒有發現過，有時一個地區的貓咪們（通常都是戶外生活的貓咪或行動自由的貓）會在固定時間、在同一地點集合。牠們會坐在彼此看得到對方但稍有距離的位置，靜坐片刻後又紛紛離開，好像在開會一樣！這也是一種貓的社交。

深入認識貓咪的獨特性格

仔細觀察貓咪，你會發現牠們不只可愛，還是有趣且成熟的動物。有時候，貓咪甚至比人還成熟。

◀ 貓有時間觀念，有規律的作息 ▶

很多人都覺得貓總是懶洋洋的整天睡覺。其實，貓咪是有時間觀念的動物，牠們會在固定的時段巡邏，也固定時間休息。單看貓咪每日早晨叫飼主起床的行為，很明顯可以觀察到牠有自己的生理時鐘。

因此如果你想要讓貓咪學習特定的事情，可以利用貓咪規律的作息，做固定的訓練，這樣有助於貓咪學習與習慣，可以迅速進入狀況。

◀ 貓咪有預期心理，期待發生牠喜歡的事情 ▶

貓是會期待的動物。如果貓在某個時間點得到喜歡的食物或玩了什麼有趣的東西，下次到了那個時間點，牠甚至會主動提醒主人。

如果每天在固定時間與貓咪做牠喜歡的互動，或是給予牠愛吃的食物，貓咪會對每天的「這個時刻」產生期待的情緒。在與貓相處時，我們可以利用貓咪的預期心理去建立新的興趣，使貓咪期待接下來即將發生的事，以改變貓咪在該時段去做你不希望的事情。

◀ 貓咪不會吃醋！ ▶

許多飼主或愛貓者經常覺得，貓咪會因為吃醋而搗蛋、做壞事，例如把貓咪亂尿尿的行為，歸咎於貓咪在吃家中其他寵物的醋。

但很遺憾的是，貓咪並不懂得吃醋這樣複雜的情緒。

貓咪之所以會因為新貓的到來而疏遠飼主，或做出拒絕撫摸、親近的反應，不是因為貓咪在鬧脾氣，而是因為不熟悉且還沒有接受新貓，所以飼主身上沾染的新貓氣息，令牠不想靠近，因此可能會拒絕撫摸，或是減少原本和主人之間的親密互動。

◀ 貓咪不會記仇！ ▶

貓咪並不懂仇恨是什麼，牠們的多數行為反應是趨吉避凶避開傷害。所以如果當飼主處罰了貓咪，或是做了什麼讓貓害怕的事，導致牠離得遠遠的，或是對飼主發動攻擊，主要是因為害怕，讓牠想要設法保護自己的求生本能。

而對同一個人反覆生出害怕的印象，容易導致貓咪判定

「這個人很危險」。一旦貓咪有了這樣的認知，牠就會與之保持距離。

◀ 貓咪需要互動，但不一定需要作伴 ▶

家貓長期在有限的室內空間生活，需要與人互動，也需要透過狩獵遊戲獲得成就感。如果長期生活單調，又沒有足夠的活動空間，確實會產生行為問題。

經常有些飼主覺得「怕貓咪無聊，再找一隻貓咪作伴」，這種想法其實不太正確。新貓的出現，確實有可能會讓家中的貓咪感覺有趣，但這也要視家庭資源而定。如果貓咪認定自己擁有的資源（如空間、環境、食物、貓砂盆等）不夠充足，家裡又出現新的貓要分享有限的資源，就可能成為貓咪噩夢的開始。

◀ 玩遊戲時，一對一的狩獵模式 ▶

貓的狩獵是單獨進行的行為模式，這也就是說，貓咪不會組成一支隊伍集體狩獵。以成貓來說，不會出現兩隻貓咪同時狩獵一個目標的狀態。

在狩獵成功後，貓咪會選擇要不要將成果（獵物）與其他貓或動物（如人類）分享。

翻肚子不是投降的表現

飼養貓的主人，經常看見貓咪翻肚子的行為。在貓咪單獨行動的時候翻肚子，是表示牠對環境以及對人感到舒適、放鬆，是信任的展現。

而貓咪在與其他貓咪進行狩獵遊戲、扮演獵物時，翻肚表示牠準備做「抱踢」的絕招，不是投降也不是服從。

貓咪小常識

認識的開始：
與貓的初步互動

很多人一看到貓咪，忍不住興奮驚呼「好可愛」、「我要摸」，主動想要接觸貓咪，但通常這種結果反而使得貓四散奔逃，甚至流露出敵意或防衛。

想要與貓接觸、有良好互動，是要有技巧的。在理解貓咪的性格與叫聲、肢體動作所代表的含意後，我們漸漸能夠理解貓咪的情緒與狀態。但要如何接觸貓呢？這一節將帶領大家用貓的角度和思考方式，掌握貓的默契，慢慢靠近貓咪。

與貓相處和跟狗相處是不一樣的。友善的狗狗通常都有親近人的欲望，或是習慣了被撫摸，但大多數的貓咪卻不具有「自來熟」的性格，即使是家貓，習慣了與人相處，但那也僅限於親近的家人。

如果把貓咪視為人就好辦了！人有性格，貓咪也有；與人相處講求禮貌，對貓咪也是！與貓咪親近的禮節，有以下三步：

1. 別盯貓咪眼睛看

對人來說，講話時注視對方的眼睛是禮貌的表現，但對於貓咪而言，眼神的注視代表狩獵前的預告。

貓咪是狩獵者，但也同時也是被狩獵者。牠們需要防備比自己體型大的動物來狩獵、傷害自己。所以在你還沒有與貓建立足夠信任度之前，千萬別把目光、專注力都集中在貓身上，那會使得貓咪緊張，無法放鬆。

通常如果遇到戒備心很高的貓，或是膽小不親人的貓咪剛進入一個家庭時，倘若飼主老是「過度關心」總盯著貓看個不停，很容易會使貓咪持續緊張焦慮。

六招建立起貓對人的好印象

2. 貓沒準備之前好別抱牠

莽撞抱起一隻貓，容易導致貓受到驚嚇

大多數的貓咪都不喜歡被抱。

在貓的肢體語言中，「被抱」等於「被抓到」，牠瞬間失去掌控自由的能力，行動受到控制。所以當貓咪還沒有理解人類的擁抱是愛與安全的表現之前，請不要貿然抱起貓咪，那反而會使貓咪受到驚嚇，掙扎或逃跑，也會讓貓對你產生出防備與戒心。

3. 尊重貓咪的不同性情與反應

大部分的貓咪不太主動想與人接觸，這是因為貓咪的天性使

然，凡事以安全感為優先考量，對於陌生或不熟悉的人會先遠遠觀察，評估安全性和威脅程度，待確認沒有危險後才會漸漸縮短距離。

當然，也有些貓咪會在見到陌生人的時候馬上上前打招呼，一方面是因為好奇，另一方面是因為這些貓在過去的學習經驗裡，沒有任何與陌生人接觸的不良經驗，因此面對人時放鬆且富有自信。

――――――― **大方自信的公關貓是如何練成的** ―――――――

有些商店的店貓性格大方自信，這類貓咪因為過去與陌生人的社會化經驗良好，在生活中經常接觸來來往往的客人，所以不會感到壓力或是害怕，甚至還會主動磨蹭、迎接客人的到來，流露出示好的表現，歡迎客人來到牠的地盤來。

貓咪小常識

4. 先用一根指頭跟貓咪打個招呼

如果確定你面對的貓咪，性格大方自信，樂於親近陌生人，可以近距離伸出一根手指向貓咪「打招呼」。

初次接觸可用手指招呼

在打招呼時，你的姿勢可以蹲下或坐下，壓低高度，讓貓不覺得有壓力。

通常在這個時候，熱情的貓咪會開始磨蹭你的手，或甚至是手臂，也有可能繞著你轉一圈。

切記，讓貓咪主動磨蹭是增進關係大加分的項目，在這個過程中，是貓主動，而非人主動，切勿抱起貓咪或是做其他主動的撫摸。在貓咪的邏輯裡，牠可以向你磨蹭示好，但不代表會接受你摸遍牠全身！

接觸野生貓咪要謹慎

不管是面對性格親近人的家貓或路邊的野貓，態度都要謹慎。貓咪通常會用喵叫來引起人的注意，當人蹲下時，牠們會主動磨蹭、翻肚打滾，這是牠們表示放鬆、討吃的意思，但經常被人誤會。以為這些動作是表示貓咪想撒嬌、渴望被摸毛，於是抗拒不了牠們翻肚打滾的誘惑，自然而然地伸手撫摸，然後就可能面臨被貓咪一把抓花手臂的下場！

貓和我們想的不一樣，牠磨蹭人、滿地打滾的模樣，只是表達「我很放鬆」或是「你看起來不錯，我信任你」的意思，但不一定表示希望被撫摸。

46

5. 用「零互動」來降低貓咪戒心

大部分家居的室內貓性格都很害羞，聽到電鈴或腳步聲會先躲起來，或是跑遠觀望。但許多家中養貓的主人，或對貓咪有好奇心的客人，總會想方設法地把牠給「撈」出來，結果貓嚇得半死，下次就更不願意出來見人了。

如果希望貓咪能夠在客人離開前出來露個臉，那麼從客人進門開始，就對貓咪執行「不注視」、「不在意」、「零互動」原則。

為什麼這麼做呢？因為貓咪從見到訪客的那瞬間起，牠們就開始分析陌生人的威脅程度，而分析重點包括對方的眼神、動作和體積大小。所以如果客人越不在意貓咪，越能讓貓咪確認對方並沒有要對牠做什麼，也沒有把目標放在牠身上。

待貓咪評估完畢以後，會在好奇心的驅使之下試圖接近，縮短人貓之間的「安全距離」。這時，主人和訪客不能因為貓咪主動靠過來就積極互動，否則會讓貓咪把好不容易縮短的距離又再度拉開。

---「零互動原則」也適用於新貓入宅---

「零互動」原則同樣適用於帶新貓回家,或是將貓帶到新環境(如搬家)時的處理。

貓咪很容易會因為對環境的不確定而感覺到緊張,這時,無論人(即使是熟悉的飼主)做任何主動接觸,都會使貓咪情緒更加緊繃,最好的方式是讓貓咪自己選擇要待在哪裡、如何熟悉環境,並且完全保持「零互動」,等貓咪慢慢降低警戒。

貓咪小常識

6. 「接觸練習」讓貓主動靠近

貓咪遇到不願意接受的事情,會表現得非常明顯,例如牠會躲避或是逃離。但人們可能會基於各種原因,不得不勉強貓咪,通常會用抓或是限制的方式來強迫與半強迫,最後導致貓咪與人的關係從一開始就進入「抓→逃→厭惡」的惡性循環中。

但如果我們試著換一種方式讓貓咪主動靠近,結果將會截然不同。

無論是要接觸貓咪、讓貓親近人類,或者之後幫貓咪洗澡、梳毛、抱抱、剪指甲、清耳朵等與觸碰貓咪有關的互動之前,都必須要先做好「接觸信任」的練習。因為問題的根源在於:貓咪對你缺乏信任,牠不知道人打算對牠做什麼!所以當貓咪還沒有建立起肢體碰觸的信任之前,人想要去碰觸牠、對牠進行任何碰到牠的動作,都可能會被牠聯想成「他要對我做不好的事」或「即將發生可怕的事情了」,而加以反抗!

如此一來,雙方都會產生很深的誤解。

所以在彼此信任度還沒有累積到貓咪能夠接受你的標準之前,人或飼主就超進度地做了貓咪不能理解的事,貓咪自然很難接受,

甚至會發動攻擊。

接觸練習的目的在於讓貓咪對你的手、你這個人產生極大信任感，之後每一次當你靠近時，牠會聯想到一切美好的事情。當貓咪進入了放鬆的情緒後，接下來不管做什麼就都非常簡單。

那麼要如何進行接觸練習呢？方法很簡單，就是讓每一次接觸經驗都是美好的印象。

◀ **給愛吃的貓零食** ▶

對於愛吃的貓咪，可給予乾零食，讓牠每一次接近你都有好吃的東西，且你不會勉強牠做任何事情。除了乾糧，你還可以用平常幾乎吃不到的超級濕糧（如貓用肉泥之類），引誘牠在你手上的各個部位舔舐。

◀ **與喜歡遊戲的貓愉快遊戲** ▶

對於喜愛遊戲打獵的貓咪來說，最好的接觸是沒有衝突的遊戲互動，讓貓咪能夠在放鬆愉悅的狀態下與你相處。

◀ **利用貓咪安定的時機進行撫摸** ▶

貓咪在睡眠或是窩著休息的時候都算是安定時機，這時候的貓咪比較不會因為撫摸而產生過度反應。處在這種狀態下，才是讓貓咪了解「什麼是撫摸」的最佳時機。

◀ **用一根指頭先跟貓打招呼** ▶

和貓咪互動前，先用一根手指頭打招呼。如果貓咪走過來並且磨蹭指頭，代表你得到同意許可，但別急著太快給予熱情的回應，慢慢確認貓咪的狀況，牠真的想要互動時，再進行互動。

◀ **讓貓主動** ▶

試著讓貓咪自己主動過來摩蹭，而不總是我們主動摸牠。

◀ 不要動手去抓 ▶

請用食物或是逗貓棒引導貓咪移動，避免東抓西抓來移動貓咪。

◀ 尋找貓咪的喜好 ▶

找到貓咪獨特的喜好（如摸頭、摸下巴、愛吃或愛玩遊戲等等），並由你來滿足牠的喜好。

用食物誘哄貓咪，對貪吃貓來說，能夠快速拉近彼此距離

7. 確認初次接觸的部位與時機

當你還抓不準貓咪哪些地方可以接受觸碰的時候，「從頭部開始」是最能被接受的。

在貓咪安定並且願意互動的狀態下，我們保持輕聲細語，並伸手輕撫貓咪的鼻頭或臉頰兩下。如果貓沒有變換姿勢、用力甩動尾巴、抓咬或者離開、躲避，代表這次的接觸是成功的，你達成了「沒有扣分的接觸經驗」。

但如果貓咪有上述的不良反應，表示時機挑選錯誤。或者，太頻繁的撫摸也會導致貓咪反感。

在你還沒找到貓咪可以接受的部位、時間、力道之前，挑選貓咪最安定的時機和用最短的秒數完成撫摸，是最保險的方式。

--------- 貓咪最喜歡被碰觸的位置？ ---------

一般貓咪普遍最能夠接受的觸碰位置是頭部、臉頰兩側和下巴。

但如果貓咪面對的是具有信任感的飼主或人們，牠們也喜歡被摸肚子和

四腳腳掌喔！

與貓咪建立
親密關係

統計我工作時接觸到的貓咪個案，我發現，貓咪與主人之間的互動不良，是大多數衝突或問題行為的癥結點。最常見的狀況是主人在不了解或無意之間做了錯誤的回應，導致問題產生。

舉例來說，有些主人會覺得「我家的貓咪就是討厭撫摸和抱抱」、「那是牠的個性」、「牠就不喜歡跟人親近」，但如果用貓咪的角度來思考，或許會有完全不同的想法。

貓咪為什麼會討厭被撫摸和抱抱呢？為什麼不能讓貓咪喜歡上這些親密的動作？要用怎樣的方式才能讓貓咪相信，主人摸牠、抱他是一件好事？讓牠能夠接受？這才是應該被思考的問題。

與貓咪相處，該怎麼達到「你情我願」的雙贏局面，不需要強制任何一方去勉強接受，是我們要努力的方向。

其實貓咪的生活中有太多「牠不喜歡」但「我們必須這麼做，好讓貓咪能夠與人類一起生活」的事情，例如剪指甲、清耳朵、洗澡等等例行公事，經常因為衝突導致關係緊繃、破裂。

就拿剪指甲來說，飼主理所當然地認為，不剪指甲會容易使人受傷，或者抓傷家中其他的貓咪，而且指甲過長會倒插進肉球裡、或破壞家具和衣物……我們有各種幫貓咪剪指甲的理由，但貓咪的想法只有一個──我自己會磨爪！

別忘了，先前我們說過，貓咪是很獨立的生物，牠們認為自己可以照顧好自己的指甲，所以不明白為何人類要用五花大綁的方式

執行「剪甲儀式」。這讓牠感覺害怕、不舒服。即使進行的時間短暫，但因為會反覆發生，久而久之就累積成了壓力。

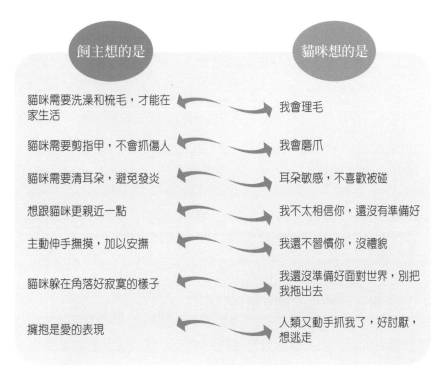

人貓所想大不同

所以，在與貓咪以禮相待、彼此互動達到了一個可信任的程度後，建立與貓咪之間更親密的關係是很重要的事。與貓咪建立和諧且親密的關係，除了能升級信任度之外，也讓貓咪相信「飼主做的事情是不會給我帶來傷害」的，牠會漸漸信任你對牠做的任何事情。

一旦你與貓咪有了足夠的親密信任，無論是在一般生活中的撫摸、抱抱，甚至是剪指甲、梳毛、洗澡等等，一切與接觸有關的互動，都不再是問題。

先前談過，人貓互動不必刻意練習，而是從生活中循序漸進。

先觀察貓咪的狀態，挑選適合的時機進行，讓與貓咪的接觸變成彼此關係的加分題。像是在貓咪渴望被撫摸且樂意互動的時候，給予令牠滿足的撫摸和適時的互動，同時注意貓咪是否有所回應等等。

日常生活中的每一次接觸，其實都為你與貓咪的關係默默加分與減分，因此能夠恰到好處的互動方式、技巧，是非常重要的事！

貓貓喜歡人時會有什麼表現？

主動接近人類，是貓咪喜歡一個人最明顯的表現。如果你的貓咪會主動歡迎你回家、磨蹭你的腳、對著你輕聲喵喵叫……這些都代表貓咪真的很喜歡你喔！

1. 從平常良好的相處建立信任關係

貓咪與人之間的關係有很多種，有的人貓相處彼此都很獨立，像同居室友；也有的家庭人貓關係親近，像兄弟或閨蜜；當然，還有一種貓咪非常依賴飼主，把主人視為牠的全世界……不一定哪種關係模式是最好的，主要是依照貓咪本身個性和平常的人貓互動而定。這些關係，都是悄悄在日常生活中逐漸養成的。

因為必須以信任作為基礎，所以貓咪與人之間的互動有問題，歸結起來經常是因為貓咪搞不清楚人要對牠做什麼，而人所表現出的行為讓牠先想到一連串壞事，尤其是過往的可怕經驗，於是貓咪就會反應很大。

如果能夠先取得貓咪的信任，並且讓牠知道人所要做的事，對牠是無害的，便不會有觸碰不到或是反抗不願意的問題（尤其是在剪指甲或進行清潔時）。

一旦貓咪足夠信任你，牠就不會對你哈氣或攻擊。

2. 適時以退為進，讓貓主動接近

仔細觀察，你會發現一個有趣的現象：越是對貓咪不感興趣、完全不主動接近貓咪的人，反而像個「貓咪磁鐵」，最受貓咪青睞。這就以退為進的道理。

與狗完全相反，貓不會主動和人類建立關係和感情，所以想要與貓咪關係良好，需要我們主動踏出第一步。但是這個「主動」，卻是要先被動，才不會讓貓咪過於害怕而產生反效果。

例如，很多人只要看見貓咪因為害怕而縮在角落，便自然想伸手撫摸貓咪，試圖告訴牠「沒事，別害怕」。但這個行為太過主動！雖然出發點是為了關心和安撫，但站在貓咪的角度，「主動伸手」的舉動會令牠更加害怕，對雙方關係大大扣分！

那麼我們該怎麼做，把主動改為被動呢？你可將食物放在貓咪面前後立刻離開。對貓咪來說，牠學習到「他是來送食物給我吃的」，而且在你離開之後牠能夠安心吃飯不受干擾，這就是一個完整的加分行為。

生活中有許多小細節，時時刻刻都在幫關係加分或扣分，例如貓咪跳上你覺得不可以上去的櫃子或桌面，飼主順手將牠抱起，放到其他位置。但其實我們所認為的「抱」，對貓咪來說是不情願地「被抓」，這在貓咪心中可能是一件非常扣分的事情。

大部分的主人都認為貓咪不喜歡被抱，仔細思考其中原因，是抱對貓咪來說，根本就是一次又一次的被抓，牠每一次都聯想到不好的感受。

所以下一次如果你需要移動貓咪時，可以換一種方式，將貓咪

愛吃的食物拿到目標位置，或者拿玩具往你希望牠去的地方丟，或
者練習召喚貓咪的指令，讓貓咪自動離開你在意的禁區，這樣就不
必將貓咪強行抱離了。

3. 看懂貓咪的狀態再行動

　　搞清楚貓咪現在是處於何種狀態，是親密關係中非常重要的一
項重點。在對的時機點做適合的事情，才不會發生衝突。

　　譬如貓咪正處在狩獵遊戲模式的時候，如果飼主急著想幫貓咪
剪指甲或是抱到腿上，就會發生咬手事故！因為此時的貓咪會將飼
主移動的手看成是玩伴或遊戲目標。

　　即使是從小訓練的貓咪，無論何時都不會將主人的手判定為
獵物或玩伴，但若在狩獵模式下幫牠剪指甲或要抱牠，不但可能失
敗，在貓心中也是扣分行為。因此看懂貓咪的狀態，是為了讓雙方

的溝通在同一條線上進行，避免我們在錯誤的時機點做了錯誤的事情，促使貓咪建立了不好的認知。

　　人是很粗心大意且自我主義的，越是容易被人日常忽略的小事情，貓咪越在意！例如當貓咪正要去巡邏，或是正專心在聞嗅某樣氣味時，你順手在牠背上摸個幾下，貓咪沒有常見的拱背撒嬌或是用頭部磨蹭你，反而縮起背部加速離開⋯⋯像這樣的接觸，不但對於彼此的關係沒有加分，可能還會令貓咪反感而扣分。

　　撫摸貓咪是讓彼此關係加分的最好方式。最佳的撫摸時機點就是當貓咪主動來到你身邊的時候，伴隨著對你喵叫或是磨蹭，或者是貓咪剛睡醒、即將要入睡的時候。如果你一開始抓不準貓咪的情緒，可以挑最有把握的時機點來撫摸牠，讓每一次接觸幾乎都是美好的經驗。

人們順手的撫摸，有時
反而造成貓咪反感

4. 給予貓咪真正需要的

　　「需要」與「想要」是不一樣的，例如貓咪需不需要洗澡？貓咪當然會說牠不需要，因為牠認為自己可以理毛。那貓咪需不需

要穿衣服？貓咪當然會說牠討厭穿衣服，因為牠已經有了毛皮，而且穿上衣服不方便理毛也不方便活動……無論是洗澡、剃毛、穿衣服、剪指甲，都是為了配合人類生活而做的事情，要想讓貓咪快樂接受這些事情，是我們必須要努力的。

然而，不是全部的貓咪都可以接受安排。像是洗澡，即使做了許多訓練，但貓可能就是無法喜歡，那我們可以思考「是不是非得做這件事不可」，如果洗不洗澡對貓咪的健康並無太大影響，那麼在可以接受範圍下，減少次數，甚至不洗，都沒有關係。

5. 讓貓咪主動

曾有飼主問我：「妳可以讓貓咪趴在我的大腿上嗎？為什麼我家的貓咪不喜歡趴在我的大腿上？」這真是一個很小的心願，但無論貓咪是真的不喜歡趴在人的大腿上，或是牠根本不知道什麼是趴在大腿上，也有可能是貓咪根本沒有機會這麼做，在主人看來，這都是「我家的貓咪不喜歡趴在我的大腿上」。

關於這個問題，首先我們得站在貓咪的角度思考。牠曾經趴在主人大腿過上嗎？如果有，然後發生了什麼事？

先釐清「趴在大腿上」在貓咪的心中到底是什麼感覺？或許主人認為這是一件溫馨幸福的事情，但貓咪覺得又如何？

通常當主人希望貓咪趴在大腿上時，總是直接把貓咪抱過來，按倒在大腿上。如果貓咪安靜趴下，彼此皆大歡喜，但通常因為貓咪對於被抱的印象很差，所以光是在抱牠的同時，貓咪就不信任你了。牠可能在空中揮踢四腳、等待降落，接著一落地後便立刻拔腿逃跑！如果能夠順利逃開，對貓來說，這次事件或許就到此為止，但假使主人不放棄，試圖阻擋貓咪去路，並用限制的方式將貓咪硬留在腿上，那麼這將是一次令貓咪學習到「趴大

腿真是好討厭哪」的不愉快經驗。

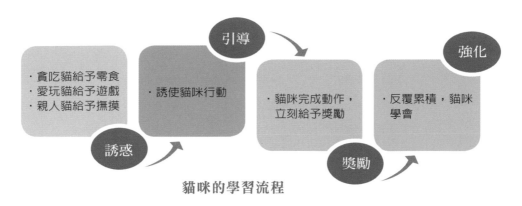

貓咪的學習流程

要想讓貓咪學習一件事情,其實非常簡單。請先找到貓咪在意的東西,可能是食物的誘惑,或是與你之間的互動,用引導的方式讓貓咪做你希望的事情,然後給予獎勵,為貓製造一個美好的認知。

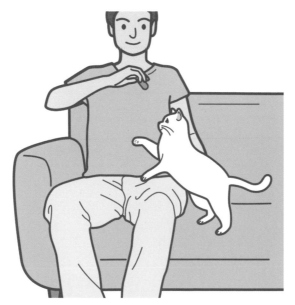

利用食物或撫摸引誘貓咪站到人的腿上,讓貓主動親近飼主

　　例如在這個案例來說，只需要換一個簡單的方式，利用貓咪愛吃的食物，將貓咪一步步引導到主人的大腿上，讓貓咪發現，只要站到飼主的大腿上就能吃到美味的點心，之後再搭配手勢引導貓咪過來，很快的，貓咪就會學會「站到主人大腿上就有好事情發生」。在整個學習引導過程中，記得讓牠有自由活動的自由，要離開時，隨時都能夠離開，貓咪不覺得自己是被抓或是被迫的，自然就願意時常去飼主大腿上趴著了。

　　最後，再慢慢將「食物誘因」從這段練習當中移除即可。因為整個過程都是貓咪自主自願的，所以不會形成討厭的印象。

　　而且如果你原本就和貓咪關係極好，可能完全不需要用食物來練習，因為主人愛的撫摸就是貓咪最喜歡的獎勵。

Part 3

怎樣的家適合貓咪生活——

打造人與貓的幸福空間

新貓入宅，
你準備好了嗎？

對於貓來說，特性是牠與生俱來的，無法改變，因此主人能夠了解貓咪的需求，才能建立適合牠生活的作息和居住環境。

所以，如果是「一見鍾情」愛上或已經成為飼主的貓奴們，建議配合貓咪品種特性，調整個人生活方式；但如果你還沒有踏上「貓奴之路」，在思考要不要養貓前，請先衡量自己的生活狀況，選擇適合飼養的貓咪。

以下為所有準飼主與貓爸貓媽們，在準備階段前，分析一些養貓「須知」。

1. 足夠的生活空間是必須的

貓是不折不扣的獨居動物，但貓與貓之間經常會因為資源充足而有群聚效應。通常同胎出生的貓咪，沒有分離經驗，比較容易培養出良好的關係，或許可以避免爭奪地盤資源的問題。但以一般情況來說，一隻貓需要的基本生活空間至少25坪。

即使經過「住宅貓化」（指特意為貓設計、打造的居住空間，有適合貓抓的家具，模擬戶外貓咪爬高、躲藏等天性的貓走道、貓門等等設置）的空間，也不建議飼養超過三隻貓。足夠的空間，才能確保每一隻貓咪都能有良好的生活品質。

2. 創造理想的室內貓環境

很多飼主都以為，把貓放在家裡（或關在籠子裡），給予足夠的食物與飲水，再加上一塊貓抓板，對貓來說就足夠了。但這其實離養貓的「理想環境」差距極其遙遠。

真正理想的室內養貓環境，需要以下的條件：

理想的室內養貓空間

條件	說明
不關籠	貓咪在室內有足夠的生活空間，可以自由行動
對外窗	至少要有一片清晰可見的對外窗，讓貓咪能夠晒太陽，並觀賞窗外蟲鳥或車水馬龍的景象
磨爪板	設有多處可磨爪的平面板或垂直板、柱
休息區	一隻貓至少要有三到五個不被打擾的專屬休息區，提供安心睡覺的空間
合理空間設置	例如飲食區和便盆區一定要明確分開
垂直空間	有垂直可攀爬的高處及可以躲藏的空間
專屬設備	每隻貓至少要擁有一個或一個以上專屬自己的食盆、水碗、便盆、睡窩，不與其他貓咪共用

關於其他室內貓環境的條件細節，後續內容中將進行更詳細地說明。

3. 配合家庭環境與成員狀況選擇貓咪

網路論壇中經常出現懷孕的父母詢問「孕期是否能夠養貓」、「貓和小孩能否共處」的問題。

貓咪與小孩、嬰兒絕對可以相處，但建議選擇成貓。如果是已經長期飼養的貓咪，更能與小小孩相處融洽，因為牠們性情穩定，且習慣了家庭生活的方式和狀態。

你可以很容易觀察出貓咪對小孩的反應，例如：在小孩揮舞小手的時候，注意貓咪是否伸爪？

若是幼貓面對小小孩，可能會覺得小朋友揮舞的手很好玩，想要與小孩遊戲互動，而幼貓遊戲的方式通常都是利用爪子和牙齒，難免會發生衝突，但相形之下，成貓就不太會受到影響。

一隻社會化良好的成貓，懂得在小孩哭鬧或是跑跑跳跳的時候，自行離開現場。飼主只需要安排一條順暢的通路動線，如牆上層板，讓貓咪可以在高處行走，避開與小孩在地面時短兵相接、發生衝突，就不會有抓咬的問題發生。

但反過來說，飼養幼貓必須要給予牠們探索的空間，並接受社會化訓練，因此飼主必須化較長時間陪伴幼貓，與牠互動、遊戲，一天大約要五個小時以上。

因此如果是獨居，或長時間必須在外工作的上班族，適合飼養一隻學習狀態、健康狀況都穩定，且活躍度較低的成貓。

4. 養幼貓最好一次養兩隻

幼貓（1～10個月左右的貓咪，因品種不同，幼貓界定有些微差異）從8週起至1歲前的活動力非常旺盛，尤其是在2～10個月左右，會積極與同伴練習狩獵技巧。所以家中如果只有一隻幼貓，而飼主又忙碌或難以兼顧，無法滿足貓咪的狩獵欲望時，小貓就會把主人的手、腳視為獵物或玩伴，總想著要發動攻擊。

　　因此如果同時養兩隻幼貓，牠們可以互相滿足彼此的需求，減輕飼主的負擔。

　　貓咪在年幼的時候，需要大量時間與同伴遊戲互動，這個活動量並不是一般人能夠滿足的，即便是每天花上一、兩個小時陪玩逗貓棒，都難以滿足幼貓的需求，因此家裡如果能同時有其他年紀相仿的幼貓，牠們會優先選擇彼此進行互動。

　　不少愛貓者總會陸陸續續帶回新貓，但新舊貓之間，需要較長的磨合期，也一定會瓜分到舊貓原本的居住空間、活動範圍，導致家裡的舊貓會經歷一段非常緊張的時期，相形之下，幼貓之間較不需要磨合期。

　　但必須注意，即使是原本是同一窩生的幼貓，但如果相隔幾天分別帶回家，牠們也無法認出彼此。因為貓主要是用氣味來辨識，分開到了不同環境之後，貓咪的氣味就會不一樣，難免會因為氣味不同、不熟悉而互相哈氣。

　　有些飼主會想：「我家裡有一隻成貓，但牠平時看起來很無聊，如果再養一隻幼貓，一方面給牠作伴，另外一方面，成貓還能教育幼貓，讓小貓適應新環境。」但這種想法是很危險的，因為再加入一隻幼貓的結果，經常是成貓被追得哀哀叫！

多貓飼養請考慮貓咪性別

如果原本飼養的貓咪已經結紮，那麼選擇養公貓或母貓，就不是主要問題。一般來說，幼貓較容易被原本的群體接受。

若家中原本飼養的貓咪還沒有結紮，那麼原有兩隻感情很好的公貓或是兄弟貓，則會因為新加入的母貓而大打出手。

貓咪小常識

成貓與幼貓的活動力與生活上的需求不同,成貓睡眠時間較長,而幼貓活動時間較長,再加上幼貓會主動尋求玩伴,而成貓並不會真的對幼貓發動攻擊(通常成貓與幼貓對上的結果,是成貓逃跑或牠作勢嚇唬幼貓),最終導致躍躍欲試的幼貓不會善罷甘休,所以這樣的組合不太理想。

除非飼主已經準備好充足的體力,以滿足幼貓的活動力,或是特意安排幾處只有成貓能夠獨處的高處休息區,用以終結幼貓的騷擾,否則為了兩隻貓咪好,請盡量避免這樣的飼養組合。

5. 貓是因為無聊才搗蛋

許多網路影片,經常拍貓咪把桌面上的雜物、杯子,一一推到桌底下去的惡作劇影像,於是許多人便生出「貓咪是小破壞狂,桌上放什麼都往地上推」、「把東西推到地下,是貓的天性」之類的想法。

這種說法只對了一半。

貓咪用手撥弄小東西,確實是天性使然,但不代表牠一定會把桌面、架子上的東西往地上推,刻意進行破壞。

貓把桌上的杯子、遙控器等推
下地,是因為缺乏玩耍、互動
與被飼主注意

　　事實上，如果貓咪每天都和飼主正確互動，飼主也滿足貓咪渴望陪伴、玩遊戲的需求，讓貓咪有比搞破壞、推倒東西更重要、更好玩的事做，牠們自然對把雜物往地上推這種無聊的事情，一點興趣都沒有。

　　換句話說，貓會做推翻桌面上雜物的事情，是因為牠實在太無聊了！

────────────── 再獨立的家貓，都需要與人互動 ──────────────

多數人對於貓的普遍印象是：獨立。這個印象的基礎，通常是相較於狗而言。

確實，比起狗狗來說，貓咪的性格較為獨立。不過即使獨立、看似與人較不親近，但除卻受到驚嚇、過於緊張或攻擊性較高的特殊狀況下，一般的家貓都需要與家人建立互動關係。

所以除了提供食宿之外，經常和貓咪玩遊戲、撫摸或是遛貓都是不可或缺的互動。

貓咪小常識

布置理想的
貓咪生活環境

環境會促使貓咪學習，如果我們能夠安排一個合適的環境，就能使一些貓咪常見的惱人行為恢復正常。

環境對於貓咪來說有多大影響呢？我舉三個簡單的例子說明：

在單貓家庭或忙碌的獨居上班族飼主家庭中，經常出現年輕貓咪過於依賴的狀況，主人出門和回家時，貓咪會不停用叫聲引起注意，久而久之，發展成了過度喵叫的問題。這是因為長期單調、缺乏變化的室內生活，無法滿足貓咪巡邏、打獵的需求。白天貓咪獨自看家的時間過長又無聊，只能期待主人回家後才能互動。

而多貓家庭中，經常發生貓咪噴尿或是打架的情況，這是因為某些貓咪沒有找到自己的獨立專屬休息區，或認為資源不足，於是消極的反應是噴尿，積極的則打架。

另外，貓咪便盆的設置也有「地利環境的需要」。有些比較膽小的貓，因為怕生，不肯在便盆中上廁所，所以在設置時必須需考量到便盆位置對貓咪的使用方便性。如果家裡唯一的便盆，放置在貓咪不願意靠近的位置，那貓就有可能選擇憋尿或是另尋他處「解放」，造成飼主的嚴重困擾。

以下將我們將逐一說明，貓咪需要的幾個固定生活區域。

獨立、固定的餵食區

餵食區必須固定，並與便盆保持適當距離，不能同處一區。

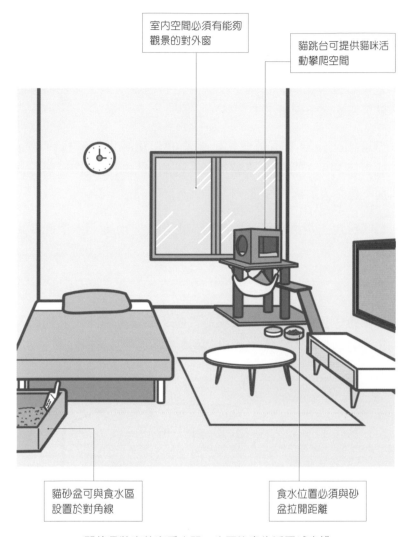

室內空間必須有能夠觀景的對外窗

貓跳台可提供貓咪活動攀爬空間

貓砂盆可與食水區設置於對角線

食水位置必須與砂盆拉開距離

即使是狹窄的套房空間，也要注意生活區域安排

　　如果是在同一房間內，可將便盆與餵食區設置在房間對角線，必要時，將吃飯用的貓碗放置在桌面上，與地面的便盆做出區隔。

　　貓咪的飲水區域可多處放置，一處與食盆並排，另一處可放置於貓咪時常經過的地方，以便提醒貓多喝水。

安心便盆區

　　以基本配備來看，一隻貓必須要有兩個便盆。少數貓會在上
完大號後緊接著到另外一盆上小號，但有些貓則是主人在清理的當
下，就另尋他處上廁所了。

　　無論如何，給予兩個便盆是保險的作法。這樣安排，確保如
果貓咪對於其中一個便盆不滿意時，牠的第二順位選擇是另一個便
盆，而不是主人的床或沙發。

　　貓咪會自主選擇自己喜歡的地方上廁所，而牠們考慮的要點有
三個：

◀ 1.安心 ▶

　　貓咪會尋找附近沒有令人擔心憂慮的環境上廁所。其他強勢貓
或狗出沒的地點、人們時常出入的環境，經常會被排除在外。

便盆附近聲音吵雜，會令貓咪不願意使用

◀ 2.安全 ▶

貓砂盆附近的環境如果不安全，容易發生意外（如打滑或跌落），而使牠在使用過後受到驚嚇，貓咪會認定這處地方是不安全的，於是避免使用。

◀ 3.安靜 ▶

貓咪對於吵雜或刺耳的聲音反感，如洗衣機旁邊，因為運轉的聲音影響，導致貓咪不願意在那個地方上廁所。

放鬆休息區

設置休息區的目的是讓貓咪可以好好睡上一覺而不被打擾。通常貓咪會選擇飼主的沙發或是床休息，但因為沙發可能隨時隨地都有人使用，對貓咪來說，不是一個隨時都能夠安心使用的地方。

但即便貓咪很喜歡與飼主一起睡覺，最好還是另外準備一個牠的「專屬休息區」，讓牠可以自由選擇。

飼主可以先觀察家中的貓咪喜歡在哪些地方休息，再將準備好的貓窩安置於此，是休息區設置的不二法門。即使只有一隻貓，建議休息區可以多安排幾處。

貓窩不必一定是市售商品，建議使用不織布、牛仔布、毛巾布、瓦楞紙板或腳踏墊之類的材質貓窩，在貓咪睡過之後，會留下濃濃的氣味。

如果使用貓窩，可以選擇屋型的，例如紙箱。貓窩最好有兩個出入口。也可以是吊床或是可供貓咪躲起來睡的「貓繭」。

────── **在貓咪喜歡的地方設置休息區** ──────

我床邊的書櫃上,原本散放一些零散雜物,但因為貓咪時常待在那裡,
所以將雜物收起,簡單鋪上一塊不織布床墊,讓貓咪更喜歡趴在此處休
息,也不會把小東西拍掉。比起特意為貓咪安排位置,選擇貓咪原本就
喜歡的地方改放貓窩,更受貓咪歡迎。

高處觀景區

　　貓咪很需要安全感,如果在高處安排一處觀景區域,讓貓能夠
從上方視角俯瞰自己所處的環境裡有什麼狀況,可以有效提升牠們
的安全感。

　　觀景台的位置可以靠牆或是牆角,確保有90度至180度的視線
範圍。以一般住家來說,高度大約是冰箱或高頂鞋櫃、書櫃上的高度。

　　另外,因為貓咪對移動的東西很感興趣,因此對外窗是很好的
「貓咪電視」。在窗戶附近設置一座小跳台,讓貓咪能再跳台上欣
賞窗外的鳥、移動的車子或風吹的樹葉,可以有效平衡室內單調的
環境。

豐富巡邏區

　　前面提到貓咪的五大天性裡,有一項是巡邏。貓咪的巡邏區是
指家中可到的所有活動範圍,以室內貓來說,理想的活動範圍約25
坪或以上的空間,如果平面空間不足,可增加垂直空間來豐富環境。

　　如果飼主和貓咪有遛貓的習慣,貓咪的巡邏區就不限於家中,
而是以家為中心點,以圓形向外慢慢擴大。

跳台的高度夠高，才能讓貓確保視野

能夠看見外界動靜的對外窗，可以滿足貓咪觀察外界的需要和好奇心

設置高低不同的景觀貓窩，增加貓咪的選擇性

讓貓咪在吊床中，一面眺望一面休息，豐富環境設置

一個同時兼顧觀景、休憩功能的對外窗，可豐富單調的室內環境

磨爪標記區

　　磨爪是為了滿足貓咪的「標記行為」，貓透過磨爪留下氣味。在巡邏的途中，貓會尋找凸起的轉角或者休息區磨爪。而磨爪區設置不光要考慮平面區域，也要考慮垂直面的需求。

　　除了地點之外，磨爪的材質也是決定性的因素，而材質喜好因貓而異，選對材質才能引導貓咪使用。一般牛仔布、麻布、劍麻、瓦楞紙都是普遍貓咪喜愛的材質。所以，如果想要保護沙發避免貓咪破壞，請在挑選沙發的時候，盡量避免編織布類，並在尚未遭殃的沙發兩側，放置適合貓咪身高高度的磨爪柱或磨爪板。

　　當沙發附近設有貓習慣標記的物品後，沙發自然就能逃過貓咪的磨爪攻擊。

　　總之，保護家具的概念很簡單：預先為貓咪準備牠能抓的物品，放置在對的位置，以防貓咪自行選擇時傷害了寶貴的家具。

埋伏遊戲區

　　雖然養貓的家庭，整個室內都是貓咪的遊樂場，但在人貓互動遊戲的時候，如果環境一片平坦，缺乏遮蔽物，可能會讓成貓感覺興趣缺缺。

　　貓隧道、紙箱堡壘等等物品都是增加環境變化的好物。對貓咪來說，能夠躲躲藏藏、充滿變化，可以激起貓埋伏狩獵的欲望。

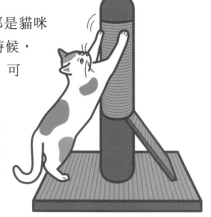

貓的磨爪區必須考慮平面與垂直的需求

住宅貓化，
讓貓咪舒適生活

　　在談過貓咪的理想生活環境之後，我們將更進一步探討「住宅貓化」（Catification）的概念。

　　住宅貓化是這幾年才開始出現的新名詞，意指在人類居住的室內環境與貓咪需要的生活條件之間取得平衡，設計出適合人與貓共同居住的環境。

　　譬如養珊瑚或是海葵，會考慮水質、光照、溫度等等條件、飼養魚類會考慮魚缸大小適合養多少數量，什麼品種能夠共同飼養，但哪幾種不宜同居一缸一樣。貓咪的生活環境需求也是很重要的，但卻經常被飼主所忽略。

　　環境是影響貓咪行為的三大條件之一，無論哪一種行為問題，幾乎都得配合「環境調整」調整貓咪行為。甚至可以說，大部分的貓咪問題行為，只需要做好環境調整，就可以使問題消失一半。因為貓咪是獨立自主的動物，只要給予牠該有的，剩下的牠會管理好自己。

　　先前曾說，如果非得定義貓咪的生活居住空間，大概一隻貓要25坪左右。但事實上，現代人的居家空間狹窄，城市裡的家庭通常很難到達這樣的空間標準，也很少有家庭只單獨養一隻貓。不少生活在都會中的飼主們，都在套房裡養兩、三隻貓。在空間窘迫的狀況下，利用豐富的環境變化來彌補空間不足，是確保人貓生活平衡的最佳方式。

　　那麼，貓咪到底需要多大空間才夠呢？這個問題其實沒有正確

的標準答案，因為如果空間規畫適當、動線流暢，每隻貓都能夠安心使用家庭提供的資源，貓和人之間能夠取得平衡，即使是15坪的套房，也能養兩隻貓。

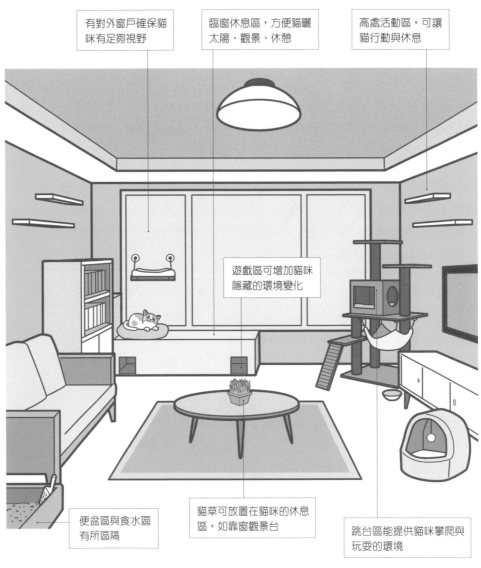

有對外窗戶確保貓咪有足夠視野

臨窗休息區，方便貓曬太陽、觀景、休憩

高處活動區，可讓貓行動與休息

遊戲區可增加貓咪隱藏的環境變化

便盆區與食水區有所區隔

貓草可放置在貓咪的休息區，如靠窗觀景台

跳台區能提供貓咪攀爬與玩耍的環境

客廳住宅貓化示意圖

　　並非空間大就是好，如果拿空蕩蕩的50坪住宅和設計良好的15坪多貓旅館來比較，經過設計的貓旅館，空間運用會更加理想。

　　很多飼主一聽到「空間設計」，就聯想到專業室內設計。其實貓需要的「空間設計」並不需要花大錢製作，而是只要能掌握幾個貓咪生活所需和符合其天性的要點，在家中稍加調整，就能兼顧貓咪需求。

住宅貓化四大要點	
動線流暢	室內空間盡量保持暢通，四通八達零死角
能夠躲藏	給予豐富躲藏地點，避免暴露，保持安心
磨爪區	設置磨爪地點，讓貓標記氣味，獲得領土安全感
高處休息區	確保有高處通道或休息區，讓貓咪能夠從上方俯視，掌握領土的狀況

貓咪需要「三層樓」空間

　　貓咪需要的「三層樓」和人所認知的「三層樓」是兩種截然不同的事物。簡單來說，貓咪的三層樓，並非真的樓層區隔。

　　把室內空間垂直分成三層來看，人與貓行走共用的地板是第一層樓，而桌子、沙發、床鋪算是第二層樓。因為桌椅之間有連接斷層，很難在整個室內連成一條完整銜接的動線，假設貓咪站在沙發上，想要到餐桌去，中間可能還是要跳回地面，才能到走到餐桌的位置，對貓咪來說，這就不算是完整的一個樓層。

　　因此對貓咪而言，一般人類的住家設置只有一‧五層樓。

　　那麼完整的第二層樓在哪裡呢？很多貓旅館或寵物店，會利用

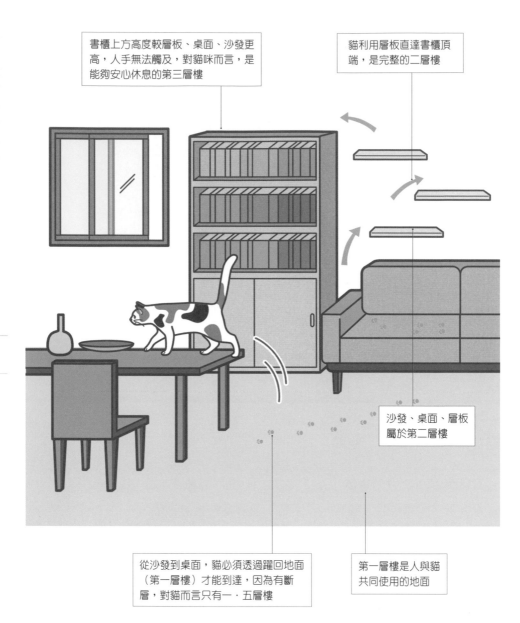

書櫃上方高度較層板、桌面、沙發更高，人手無法觸及，對貓咪而言，是能夠安心休息的第三層樓

貓利用層板直達書櫃頂端，是完整的二層樓

沙發、桌面、層板屬於第二層樓

從沙發到桌面，貓必須透過躍回地面（第一層樓）才能到達，因為有斷層，對貓而言只有一‧五層樓

第一層樓是人與貓共同使用的地面

貓的三層樓空間與活動動線

層板間保持恰當間距與落差

貓透過牆上的層板行動

人在層板下活動，
與貓互不衝突

牆上設置高低落差的層板，貓在層板之間行走、跳躍

層板在牆壁上製造出一條走道，走道是連貫的，但並非完全連成一條線。通常層板與層板之間可以拉開適當距離，且有高低落差的變化，讓貓咪能夠安全跳躍。這樣就形成了順暢的第二層樓。

第三層樓不只是比第二層更高的位置，最重要的是要確保人幾乎不會使用到這個高度，像是冰箱上方或衣櫃上方。這些位置除了貓以外，其他動物幾乎無法上來。當貓遇到了需要獨處或是牠想要避開危險的時候，便能躲到第三層樓去，以減輕壓力的負擔。

當貓咪在第三層樓的時候，飼主絕對不能夠用手去將牠抓下來，最好連撫摸都避免。通常會建議飼主，當你設定第三層樓的區域之後，就盡量不要靠近，或甚至當貓咪在第三層樓時，避免與牠互相注視，目的是讓貓認為這個地點絕對安全、不會被任何人所發現。

貓化住宅的三層樓空間概念

層別	環境設置	設定與功用
一層樓	地板	人與貓、狗或其他動物共同使用的平面,對貓來說容易受到干擾
一・五層樓	較低矮的家具	如桌椅、床鋪等具有高度的家具,因為具有銜接斷點,無法連貫,必須經過地板才能到到另外一點,因此算一・五層樓
二層樓	牆壁上的貓通道	在牆上設置連貫的層板走道,層板與層板之間保留適當距離,有高低落差的變化,讓貓咪能夠安全跳躍
三層樓	家中制高點	冰箱或衣櫃上方,讓貓能夠獨處、觀察環境的高處

尊重貓咪「躲藏」的需求

　　從第三層樓的安排就會發現,愛躲藏是貓咪的天性之一。日常生活中,貓咪喜歡鑽紙箱、躲在箱子裡,也是愛躲藏的天性使然。貓咪到底有多愛躲藏呢?牠們真的想要躲的時候,甚至不希望被注視,期望「完全隱形」。尤其是多貓家庭,若貓咪彼此衝突,過多的視覺接觸也會造成貓咪的壓力。

———— 有洞的紙箱更好! ————

貓咪很喜歡紙箱,封閉的箱子可以讓牠安心躲藏,但如果能在箱子上挖幾個洞,貓咪會更喜愛!牠可以透過孔洞窺看箱子外頭的動靜,也不會因為紙箱上有洞而覺得自己曝光。

在家庭中，即使飼主沒有幫貓咪準備躲藏地點，善於躲藏的貓也會自己找到最佳隱藏位置。通常是沙發底下、床底下或窗簾後面，甚至是一個連我們都沒注意到的地方。

如果不希望貓咪躲藏在你不願意牠靠近的地方，就請預先為牠安排幾個牠可以隱蔽的地點。

躲在開孔洞的紙箱中，既能滿足貓咪
躲藏的欲望，還能窺視外界動靜

考慮材質與設計，避免發生意外

為了方便貓咪能夠自由行走到第三層樓，如果空間或環境許可，可搭建「天空走道」。

天空走道的設計，可以讓貓咪徹底避開人來人往的地面，選擇更安全的道路通往目的地。在多貓家庭中，設置天空走道有住於緩解空間衝突。

但要注意，不管第二層樓或者第三層樓，都需要注意層板材質與安全性，因為不見得每一隻貓咪都擅長在層板或天空走道上跑跳

自如,因此搭建的時候需要考量防滑、寬度以及層板間距。

通常台灣常見的米克斯貓,或者是豹貓、俄羅斯藍貓、暹羅貓等等,屬於後腿較長、身手矯健的類型。為這些貓咪設置走到時,必須著重在攀爬、防滑與穩固。

簡單安排就能達到做到「環境豐富」

窗台對貓咪來說是絕佳的景觀區。如果家中有窗台,好好利用,加設樓梯(或者貓咪跳台,方便貓爬高)、多個睡墊和或貓吊床,就是能夠容納多隻貓咪一起共享的景觀區。或者在家中原有的收納空間或書櫃,刻意空出一小塊區域,給貓咪專屬使用,輕鬆躲藏。

很多飼主DIY,例如將家中現有家具、桌椅柱腳纏上麻繩,立刻變成貓咪磨爪、攀爬的貓家具。

─────────── 為什麼貓咪這麼喜歡紙箱? ───────────

一方面,紙箱微粗的材質深受貓咪喜愛,又能兼顧磨爪,還能留下貓咪的氣味,是很好做標記的材質;另一方面,貓咪有喜愛躲藏的天性,紙箱的大小通常只能容納一隻貓咪鑽入、隱藏。除了躲藏之外,牠們也需要擁有這樣獨立的空間。

貓咪小常識

SOS！搶救家具
抓花大作戰

　　很多貓咪飼主的苦惱是，隨著貓咪越長越大，牠們的破壞力也大增。家中的家具很容易成為貓咪「魔爪」下的犧牲品。

　　為什麼貓咪總是破壞家具呢？牠們是不是天性就喜歡搞破壞？

　　通常貓咪會破壞家具，都跟牠的「磨爪」天性有關。貓咪必須透過磨爪的動作，在環境中標記屬於自己的氣味，以確認地盤。貓必須在自己的地盤裡活動，才會產生安全感，同時磨爪會留下明顯的視覺記號，對貓咪來說，這可是牠在防衛家園的證明呢！

　　但飼主無法忍受貓咪搞破壞，經常採用斥罵或制止的方式，試圖阻止貓咪。不過如果做法不當，反而有可能造成人貓衝突。

　　阻止貓咪破壞家具並非不可能，只要飼主優先給予貓咪可以磨爪的專屬物品，牠就不會破壞家具。貓咪並不是破壞狂，牠的想法很簡單，如果有其他更好的磨爪選擇，牠對家具就沒有太大興趣。

　　不過也有很多飼主會抱怨：「雖然已經準備了貓抓板，但貓咪不肯用，牠更喜歡抓沙發，怎麼辦？」

　　以下有幾點辦法，可以協助解決貓咪破壞家具的問題。

1. 確定貓咪喜愛抓什麼材質

　　磨爪是每一隻貓咪的天性，但不同的貓對於喜好磨爪的材質都不一樣，需要飼主多多觀察、了解。

通常貓咪喜歡的磨爪材質，大概是瓦愣紙、劍麻、不織布、木板、牛仔布、編織藤葉等等。一般市售的寵物磨爪商品，幾乎都會使用貓咪喜歡的材質。所以，如果你家的貓咪不喜歡新購的磨爪商品，請嘗試更換放置地點，或是檢查環境，看看附近是不是已經有原本貓咪習慣磨爪的家具或物品。如果同一地點有兩、三種不同的磨爪物品存在，貓咪很容易忽略新抓板的存在。

另外，抓板放置的角度也很重要，必須先觀察貓咪是喜歡抓平面抓板還是垂直抓板，亦或是兩者皆有，再根據牠的喜好放置抓板或抓柱。

2. 在適當地點放置貓抓板

要在哪裡放置貓抓板，也是有學問的，通常可以考慮三種地方：

◀ 貓咪自己選定的睡覺處 ▶

貓咪睡覺的地方附近一定有牠可以磨爪的東西，用以標記自己的氣味。反向思考來說，如果你的貓咪喜歡在某處家具上磨爪，可以在家具附近安排一個專屬的睡覺區，讓貓咪能夠在睡覺區盡情標記氣味，逐漸轉移磨爪地點。

◀ 活動範圍的轉角處 ▶

例如客廳 L 型沙發的突出轉角、家中主要通道的轉角等等，都可以放置貓抓板，讓貓咪經過時就注意到貓抓板的存在。

◀ **家中的某個家具** ▶

如果貓咪已經選上了家中的某個家具，就將貓抓板設置在家具擺放的位置上。

貓喜歡的家具旁	貓咪睡眠區附近
主要貓通道必經之處	貓常活動範圍

放置貓抓板、柱

貓抓板、柱的最佳放置地點

3. 吸引貓咪使用貓抓板

選定貓咪喜歡的材質、添購抓板後，可以在新抓板上灑些貓草或是木天蓼粉。貓咪如果有興趣，就會過去磨蹭和摩爪。

有些貓咪會馬上有反應，若貓咪沒反應可能是吸引的時間點不對。不急，可以擇日再試試看不同時段的反應。倘若超過三、四天貓咪都不曾使用，可考慮更換其他地點。

很多飼主會想親自示範給貓咪看看，如何使用抓板，或者強行抓起貓咪的爪子去磨搓抓板，這反而容易讓貓咪緊張，或讓牠們對抓板有不好的印象，請務必避免。

4. 利用膠帶反貼，降低家具的吸引力

已經遭到破壞的家具，因為帶有貓咪的氣味和磨爪記號，成為

貓咪磨爪的首選。想降低家具對貓咪的吸引力,可以利用雙面膠帶反貼在不希望貓咪磨爪的地方,貓會因為討厭被沾黏的感覺而生出厭惡感。持續幾週的厭惡感,會令貓咪逐漸放棄,轉而物色附近有什麼其他可以磨爪的替代物品。因此要記得在該地點附近先備妥可以給貓咪磨爪的替代品,才不會讓貓咪把磨爪目標又轉移到其他家具上。

5. 找尋替代品,遠勝過恐嚇阻止

很多飼主為了阻止貓破壞家具,尋求各種方法。有人趁著貓咪破壞(磨爪)的時候朝牠噴水,但恐嚇的方式會使貓咪焦慮,人貓相處關係緊繃,而且嚇阻的效果很短,貓咪會在飼主不注意的時候繼續破壞家具,或者更換破壞目標,防不勝防。

也有飼主購買市售標榜貓咪討厭氣味的噴劑,噴灑在家具上,希望貓咪因為厭惡而不再破壞破壞家具。如果貓咪真的討厭噴劑的氣味,可能會有效果,但牠仍有磨爪的需求,所以必須配合引導,給予貓咪其他能夠磨爪的物品。

另外很多人錯誤以為,貓咪是為了磨指甲而磨爪,只要剪短指甲,就能減少磨爪。但貓咪磨爪的目的並不是為了磨平指甲,所以即使剪了指甲,貓還是會抓家具,而且一樣會留下抓痕。

────── 避免購買吸引貓咪磨爪的家具 ──────

給貓咪飼主一個良心的建議,選購沙發時盡量避免有交錯編織的粗糙布面材質,因為這一類材質觸感實在太容易吸引貓咪!即便給予貓抓板,都很難勝過你的沙發,因為在牠心中,這類材質的沙發就是最好的貓抓板,體積又這麼巨大,簡直無法抗拒!

貓咪小常識

Part 4

貓奴是這樣修煉出來的──

第一次養貓就上手

考慮貓咪的
遺傳特性

現在你準備好一切，決定要養貓，或是預備要增加家中的貓咪數量，迎接第二隻或第三隻貓了。不管你是新手上路，或者是貓咪達人，在準備養貓或養新的貓之前，都得要問問自己：真的準備好了嗎？

許多人愛上貓咪，因為牠們除了可愛，還帶有一種安靜的神祕感。但也因為牠神祕、警覺、疏離的天性，不像狗那般的熱情親熱，很容易造成距離感。

其實貓就像人，每一隻貓都有自己的性格。很多人即使與貓咪相伴多年，或者養貓經驗豐富，也未必真的了解自家「貓主子」的特性與需求，還有許多「新手貓奴」因為缺乏對貓咪的認識，產生誤解、以訛傳訛。

而這一節的開頭，我必須先提出一個重要的觀念：影響貓咪行為的三大要素是——遺傳基因、後天學習和環境影響。

不同品種的貓咪，帶有不同遺傳基因的個性

這裡要談的品種，不是指品種貓或非品種貓的的優缺點或外型特徵，而是「基因」帶來的外在表現。

所謂基因，就是在貓咪們出生時就已經被決定的特質，無法透過後天更改。這些特質包括貓咪的外型、習性和疾病等等。最簡單的例子是：豹貓天性喜愛爬樹，有飛躍的行動力。所以如果您是飼

養豹貓的主人，就必須配合牠的天性需求，給予牠能夠滿足活動需求的空間，否則豹貓容易因為無法滿足天性，感受壓力、壓抑情緒而生病。

飼主越了解不同貓咪的特性，就越能夠選擇適合彼此生活方式的貓咪，避免日後因為不適合而帶來的問題。

那麼，到底不同品種的貓咪，都有哪些不同點呢？我們可以透過幾種特性來做分類。

◀ 愛碎碎念的貓 ▶

你有沒有碰過那種喜歡「碎碎念」的貓？總是一天到晚叫個不停，還經常會用叫聲與人發生互動，人說話，貓也說話，一貓一人，一問一答，看起來就像是聽得懂人話一樣。

暹羅貓、加拿大無毛貓，米克斯貓（台灣常見的混種短毛貓），尤其是橘貓，都特別愛叫，牠們會頻繁用聲音表達自己的存在和意見。

◀ 活潑好動的野性貓 ▶

有幾種貓生來就是活力滿滿、精力旺盛，活動力十足，在生活上需要足夠的空間可以跑跳攀爬、伸展，甚至會經常「自己找樂子」，搞點小破壞。

這些「貓中運動員」，以豹貓、暹羅貓、阿比西尼亞貓或是米克斯貓咪為代表。

◀ 黏人的小奶貓～ ▶

貓的個性就像小孩一樣，有的小孩跑跑跳跳，但也有那種愛撒嬌、黏人、害羞，到哪裡都纏著大人不肯鬆手的小朋友。

暹羅貓、加拿大無毛貓就是那種喜歡和人互動，有點「黏TT」，總想著在你面前刷存在感的貓。

◀ 文靜優雅的王子公主貓～ ▶

波斯貓、布偶貓、異國短毛貓和喜馬拉雅貓，無論走路或躺臥，都顯得安靜而優雅。牠們的個性比較文靜，較不愛叫，與人的互動雖然少了些，有點冷淡，但那正是牠們迷人的性格。

◀ 毛毛貓和無毛貓～ ▶

有些人愛上貓，是因為貓咪那一身蓬鬆柔軟的毛髮。波斯貓、金吉拉、喜馬拉雅貓可說是長毛貓的代表。但想要維持長毛貓們的美麗與健康，必須時常為牠們梳理毛髮。

有人覺得「整天梳毛好麻煩」，於是想選加拿大無毛貓來飼養，覺得牠幾乎沒有毛了，應該不用在梳毛上費力，可以省很多心力。但是要提醒你！雖然加拿大無毛貓只有一層薄薄的絨毛，但皮膚需要盡量保持乾燥潔淨，以保持牠的健康喔！

貓咪特性參考表

　　以下，為了讓貓奴們更清楚不同主子的特性，特別將幾種常見的貓咪特性以數字區分如下，以 5 分為限數字越高，表示該特性表現越強，讓大家做個參考。

品種	活躍度	聰明度	被關注需求	美容需求	備註
米克斯貓（台灣常見混種短毛貓）	5	5	1	1	最健康也最活潑的貓
豹貓	4.5	5	4.5	2	聰明又活潑，亟需關注
暹羅貓	4.5	5	4	1.5	
加拿大無毛貓	4.5	5	5	5	無毛貓需要飼主格外用心照顧
俄羅斯藍貓	4	4.5	3	1.5	
英國短毛貓	3.5	4	1	2	短毛貓，照顧起來較不費力
美國短毛貓	3.5	3	3	1	短毛貓，照顧起來較不費力
蘇格蘭折耳貓	3	4.5	3	3	
挪威森林貓	3	4.5	3	3.5	
布偶貓	2	4.5	3	4	
波斯貓	1	2	4.5	5	毛長，需要經常梳理
喜馬拉雅貓	1	2	4.5	5	毛長，需要經常梳理
異國短毛貓（加菲貓）	1	2	4.5	2	生活空間需求低，但因扁臉基因，容易發生呼吸困難與健康問題

無毛貓知多少

加拿大無毛貓，又叫做斯芬克斯貓（Sphynx）。

乍見到這種貓，很難不嚇一跳！與常見的毛茸茸貓咪不同，牠看起來光溜溜的，渾身充滿皺紋，四肢長但肚子大。這種貓的脾氣雖好，但非常需要陪伴，有人說牠們的性格與狗相似。但無毛貓的因為缺乏毛皮的保護，再加上身體汗腺不發達，因此在溫度的調節上，較一般貓咪差，夏天容易中暑，冬天則需要適當保暖。

貓咪
小常識

迎接
喵星人回家

當一隻貓咪來到你的家庭，除了各種飼養時需要的配備之外，你還應該為牠準備好適合生活的環境。

而新貓入住，總會有各種不適應或困擾，透過空間安排與設置，你的貓咪將能夠順利適應新環境。

為新貓準備獨立安靜的空間

無論飼養是成貓或是幼貓，剛到新環境的貓咪都需要一個獨立安靜的空間。你可以選擇家中一間使用率最低的房間，做為貓咪進入新家的起點。

讓貓咪在環境單純、較少人出入的空間獨處，有助於降低牠的不適應，避免一直處於緊張的情緒下。

通常只要一把貓咪放進房間，牠就會立刻消失無蹤，躲得不見貓影。不用擔心，也不要著急著把藏身在角落裡的貓給找出來，只要你先妥善安置好貓咪的東西，牠會依照自己適應的狀況，漸漸擴大活動範圍，自然而然地出現。

讓貓咪探索與適應新環境

帶著新成員回家的心情是既期待又興奮，很多飼主一進家門就迫不及待想與貓咪玩耍互動。但無論任何年紀的貓咪，搬到了新環

境都需要一段時間適應及探索。

　　牠會先觀察四周的動線，確定附近可以躲藏的地點，待確認周遭的人、事、物都安全了以後，才會慢慢進行探索，等探索完畢，再開始與家人互動。

　　4個月內的幼貓，好奇心重且膽子較大，因此適應時間通常比成貓來得快。一般對人類社會化經驗良好的幼貓，可能在角落裡窩個幾分鐘後就會想要遊戲了，但如果是與人類社會化經驗不良的貓咪，可能需要較長的時間才肯願意出來走動。

　　無論如何，想幫助膽小的貓咪能夠快速適應環境的方式，首要就是「不要積極與貓咪互動」。將貓咪的食物、水、休息區及便盆等配備安排妥當之後，多給予貓咪適應的時間，不要主動打擾，甚至暫時放空，不予理會。當我們發現貓咪越來越願意出來走動、步伐自在，不再躲躲藏藏時，便可以進一步與貓咪遊戲互動。

　　尊重貓咪，讓貓咪決定牠是否參與活動，可以更快地打開貓咪的心房，幫助貓咪更快融入家庭。

新舊貓相遇，該怎麼做？

很多飼主的家裡不只養一隻貓，對多貓家庭來說，該如何讓新舊貓之間的關係達到平衡，讓舊貓接受新貓，也讓新貓融入生活環境呢？以下有幾個方法：

◀ **1.區分活動範圍進行隔離** ▶

在新貓入宅時，區分好家中原有貓咪和新貓個別的活動範圍。新貓必須隔離在舊貓使用率最低的房間裡。

◀ **2.徹底隔離是必要的** ▶

一開始的隔離是視覺與肢體徹底隔離，之後依照家中舊貓的接受情況，漸進式地讓兩隻貓發生視覺接觸。每一次的視覺接觸都必須是短暫的，且在接觸後，有預期性的好事發生，例如：每次視覺接觸後，給貓咪吃最愛的罐頭。直到等視覺接觸沒有不良反應，再漸進式地讓貓咪短暫相處在同一個空間中。

◀ **3.隔離的期間** ▶

新貓和原本的舊貓（群）必須錯開活動時間和空間，讓新貓與舊貓每天輪流巡邏公共空間。貓咪們會透過巡邏時留下的標記氣味，漸漸熟悉、認識彼此。

◀ **4.建立彼此良好的第一印象** ▶

在新貓進入家庭的同時，為舊貓（群）「加菜」，並新增便盆和休息區，營造一種「這是新貓加入所帶來的貢獻」，可以幫助貓咪建立彼此良好的第一印象。

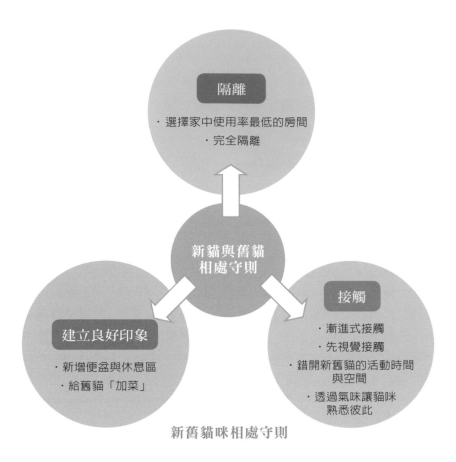

隔離
· 選擇家中使用率最低的房間
· 完全隔離

新貓與舊貓
相處守則

建立良好印象
· 新增便盆與休息區
· 給舊貓「加菜」

接觸
· 漸進式接觸
· 先視覺接觸
· 錯開新舊貓的活動時間
　與空間
· 透過氣味讓貓咪
　熟悉彼此

新舊貓咪相處守則

　　養貓的家庭很少有只養一隻，但多貓家庭難免面對新、舊貓相處的問題。唯有飼主細心協調，才能降低貓咪融入紛爭，讓舊貓安心，也讓新貓快速融入家庭環境，放心在新環境中生活。

貓奴必修
逗貓大法

常聽到主人說「貓咪年紀大了不愛玩」，其實愛玩的貓咪才是快樂的貓咪，不管任何年紀的貓咪，都有遊戲打獵的需求，只是成貓比幼貓來說，相對活動力會較低。即便衣食無缺的貓咪們，也需要透過打獵來抒發壓力或是增加自信心。如同我們生活中累積大大小小的挫折和壓力，會依照個人興趣選擇紓壓的管道，一旦壓力得到抒發，便可以讓生活達到平衡。反之，若存在壓力的狀態下一段時間，就會衍伸成「行為問題」。

逗貓是飼主每日必需做的功課，目的在於透過逗貓遊戲，讓貓咪練習打獵的拳腳功夫，並從中獲得狩獵欲望的滿足以及排解壓力，還可以讓貓咪學會與人的正確互動，逗貓遊戲簡直就是治療行為百病的最佳良藥！

選擇玩具

貓咪的玩具可分為三種：

◀ 貓咪自己玩的玩具 ▶

如小毛氈球、抱踢枕（貓草包）甚至是地上的小垃圾或雜物等等。貓咪經常會突然玩起地上的小東西，或是用前爪撥弄，試探看看這些東西的反應，是否會動？是否會逃跑？是活的或是死的？這樣的遊戲行為是自發性的，主人不需要與貓咪做互動，讓貓咪自由發揮就可以了。

如果生活中很少看到貓咪自己主動玩起來，可能是因為環境中沒有引起貓咪興趣的小東西。

抱踢枕是可以讓貓咪執行抱踢大絕招的最佳玩伴！神奇的是不需要做任何引導，只要貓咪看上了這個玩具，就會本能性地抱踢它，完全仰賴天性。

抱踢枕可讓貓咪
練習抱踢技巧

◀ 貓咪和你一起玩的玩具 ▶

人貓互動的玩具，如各式逗貓棒或拋接球等等。通常，像釣竿一般的逗貓棒在使用上比較能夠發揮變化。可以依照貓咪喜歡的狩獵方式，模擬地上爬行的獵物或是空中飛躍的獵物，釣魚線上的玩具獵物也可以依照貓咪各自的喜好做更換。

大部分的貓咪對於羽毛類材質的玩具都非常狂熱，也有貓咪對於細長的線無法抗拒。

◀ 多貓一起共同玩的玩具 ▶

例如各式益智掏掏樂、自製慢食滾筒之類，適合許多貓一起動手動腳的小遊戲。貓咪擅長用手（前爪）獲取獵物或小東西，我們可以利用這點，讓貓咪在牠自己的玩具上獲得樂趣與滿足。

多貓家庭可以準備足夠的獎勵品，如零食，讓每一隻貓都有機會獲獎，以增添下次再來玩的欲望。

慢食滾筒可以讓貓咪邊移動邊吃，降低吃飯速度，同時也讓吃飯這件事情變得有趣，對於生活缺乏互動或是精力旺盛的貓咪來說有些許的幫助。

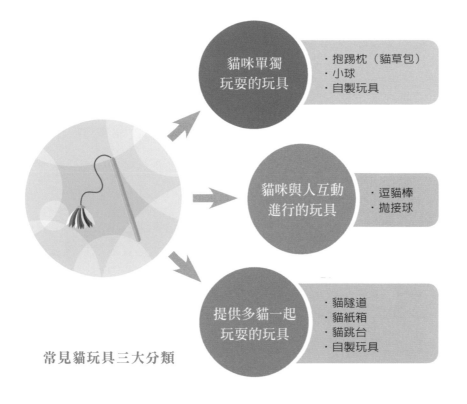

常見貓玩具三大分類

逗貓大法

快速移動、瞬間消失、地上拖行、頭頂上盤旋的移動方式，能夠激起貓咪追捕獵物的興趣，但因為每一隻貓咪擅長的遊戲方式不同，主人需要細心觀察貓咪對於哪一種移動方式最為興奮。

除了移動方式之外，玩具的大小和型態也很重要。

貓咪對於和牠手掌一般大的小東西比較感到興趣，因此小紙團、小毛氈球都能夠滿足貓咪追捕、玩弄甚至叼起拾回的欲望。

另外，線狀物品也讓貓咪難以抗拒，例如緞帶、細麻繩等等。但玩耍時必須在主人陪同下正確使用，以免造成貓咪不小心誤食的

情況。所以除了找到令貓咪有興趣的目標物以外，還要配合能夠激起追捕欲望的移動方式。

最重要的是，必須讓貓咪成功抓到獵物，以獲得成就感，培養自信心。

貓咪的玩具必須要與人類日常生活使用的東西區別清楚，不能重複。

例如有些人會使用日常生活中的小東西，如橡皮筋或是髮圈等物與貓咪玩耍，貓咪很快認為這些東西是可以被狩獵的玩具。

大小
- 與貓咪手掌一般大小為佳
- 方便貓咪追捕、玩弄、叼起為優先

形態
- 找到貓有興趣的玩具
- 線狀物最容易引起貓咪興趣

- 不使用橡皮筋或髮帶引逗貓咪

避免與日常生活用品混用

- 注意誤食危險
- 注意受傷危險

安全性

挑選貓咪玩具的重點

即使遊戲結束，但當貓咪再看到家人頭上使用髮圈或相關用品時，又生出狩獵之心，為了得到獵物（玩具），於是抓咬或攀爬到人身上。

建造有豐富地形變化的貓咪遊樂場

對貓咪來說，平面、垂直面、雜物堆和各種障礙物，在牠眼中都叫做「地形變化」，比起平坦一片的空地，豐富的地形環境更能激起貓咪的遊戲欲望。

成貓與幼貓的活動力有很大差別。

精力充沛又什麼都好奇的幼貓，即使是在平坦的空地上，只要是會移動的東西都能夠激起牠狩獵遊戲的欲望。但針對逗不太起來、興趣缺缺的成貓，可以嘗試豐富化地形，隨意搭建紙箱、設置貓抓板，增加遊戲場高低起伏的變化與躲藏的空間，或是將遊戲場地移到貓跳台附近，引導貓咪在跳台上抓獵物。

———————— 多貓家庭的最愛：貓隧道 ————————

貓隧道是貓咪很喜歡的遊樂場器具，如果是多貓家庭，建議選擇有三個

出口以上的隧道，才不會發生圍堵的情況。

貓咪挑食
怎麼辦？

　　不少飼主因為貓咪挑食而感到困擾，但貓咪和所有生物都一樣，無論是害怕、攻擊、尋求安全感、繁衍後代等等，所有的行為都是為了求生存，而與生存最直接相關的就是「吃飯」，所以沒有一隻貓咪會把自己餓死，或是利用絕食抗議某些事情，畢竟牠們沒有這麼複雜的思考邏輯。

為什麼貓咪會挑食

　　貓咪是在和人類生活之後，才發現到如果不吃眼前的食物，等一下就會出現自己更喜歡吃的，因此學會了以「不吃飯」作為手段，獲取想要的結果。

　　通常飼主不忍看貓咪餓肚子，也無法抗拒牠們撒嬌、討食的各種花招，於是妥協讓步，讓貓咪選擇牠要吃哪一種動物，最後不小心將貓咪訓練成挑食的傢伙。

　　另外，導致貓咪挑食的原因，還有另外一個重要因素──貓有喜歡與厭惡的邏輯。貓咪不會勉強自己去接受厭惡的事物，並且會在有選擇的情況下，每一次都選擇牠比較喜歡的那一個。

　　貓咪並不知道這個世界上有多少種貓糧、多少種貓罐頭，是主人買進家裡的各種食物，讓牠開始有了新鮮感和選擇的依據，於是產生喜好、挑食等問題。

不勉強貓咪改變對食物的喜好

面對挑食問題，我們不必干涉貓咪的口味、喜好，也不必用訓練的角度勉強貓咪吃不喜歡的食物。

貓可以有自己的飲食喜好，除了氣味、口感之外，對口腔不健康或牙齒有問題的貓來說大小顆粒、顆粒形狀，甚至吃的次數多寡及食物出現頻率，都會影響牠們熱愛或嫌棄這樣食物。

在處理貓咪挑食的問題上，我們必須理解牠不吃的原因，試著幫貓咪選擇牠能接受，並且符合身體健康狀況、可以長期食用的飼料。

市面上的貓食產品琳瑯滿目，你一定可以找到嗜口性極佳的品牌，將這些產品放入你的清單，適時做更換。

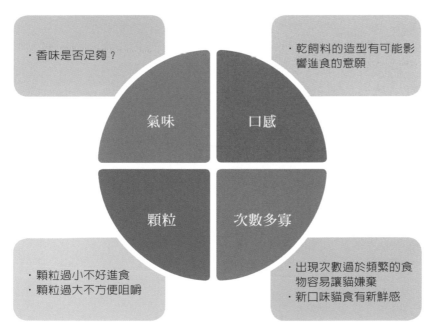

影響貓咪對食物喜好的原因

貓咪會根據喜好選擇食物，
逐漸衍生出挑食問題

找出貓咪不肯吃的原因

對飼主來說，只要貓咪不吃飯，都認為是挑食。但其實這其中有三種差別，必須先釐清，貓咪到底是「不願意吃」，或是「吃膩」，還是「牠沒那麼餓」。

◀ 貓咪不願意吃 ▶

「不願意吃」是指貓咪對於一種食物毫無興趣，認為不好吃。

如果在確定貓咪飢餓的狀態下，第一次讓貓咪嘗試這個食物時，出現聞一聞就掉頭離開的行為，代表食物完全吸引不了貓咪。

如果這是必要吃的，可以嘗試混合貓咪原本愛吃的食物，按照3％到5％的比例，每日慢慢添加新食物，讓貓咪有機會學習，逐漸接受。

◀ 貓吃膩了 ▶

如果是平常會吃的食物，過了一陣子不太願意吃，也沒有更愛吃的食物出現，這就是吃膩了。倘若在吃膩的階段，出現更吸引貓咪的食物選擇，牠就會拋棄已經吃膩的食物。

為了預防貓咪吃膩，建議每兩週更換一次罐頭。

◀ 貓沒那麼餓 ▶

很多時候飼主過於大驚小怪，看到貓咪不肯吃飯就覺得牠是挑食的問題。其實，貓咪只是還沒有餓，只要將食物放著，等一會兒牠就肯吃了。

但如果一發現貓咪不肯吃，就立刻換一種新食物，勸誘貓咪去吃，那反而會訓練牠挑食！

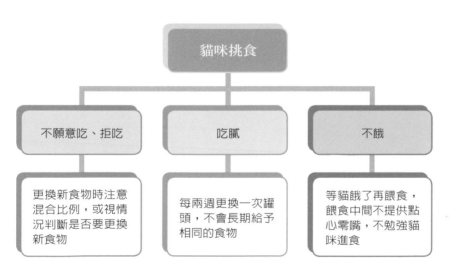

判斷貓咪挑食的原因和處理方式

引導貓咪吃指定食物

1. 放下食物後,若貓咪不吃並且離開,請將食物立刻收起至貓無法取得的地方。

2. 等5到10分鐘後,再將該食物放回貓咪面前。此時挑食不算嚴重的貓咪,可能就會快速妥協。

3. 若第二次給予食物,貓咪還是不肯進食,可用手指沾一點食物輕抹在貓咪鼻子上,肚子餓的貓會因此引起食欲。

4. 若貓咪還是不肯吃,請等下一餐再給予一樣的食物。但兩餐之間,不能給貓咪其他選擇或點心。

定時定量給食		等待5-10分鐘後再餵食		貓如不肯食 等下一餐再餵食
	貓咪不吃		少量食物輕抹貓鼻尖	

貓咪餵食方式

餵食常識與技巧

對於健康狀況不佳的貓咪,「願意吃」為首要考量,不必特別處理挑食的行為,請聽從獸醫師的意見。

當你必須要替貓咪改變食物的時候,考量到每一隻貓咪對於食物的接受度不同,在混合新舊食物時,摻混幅度必須以每一次貓咪願意吃的比例為原則。通常換新食物而貓咪不願意嘗試的原因,在於食物更換速度太快。因此增加比例的速度越慢越保險,對貓咪來說,願意多吃一口,就有很大的差異呢!

輕鬆修剪
貓指甲

幾乎每個養貓的人都會有替貓剪指甲的困擾,有些飼主甚至很難碰觸貓咪的爪子超過兩秒鐘,常常一碰到貓腳,牠們就立刻縮起,無論平時多麼親近,只要一想幫貓咪剪指甲,貓咪避之唯恐不及地跑掉。

到底為什麼貓咪這麼防備人處碰爪子呢?這跟牠們先天的構造有很大的關係。

貓咪的爪子是牠們重要的必備「工具」,上下攀爬的時候需要抓力、在追捕獵物的時候,用以阻止獵物逃跑,在遇到危險的情況下,牠們只能靠爪子自我保護。因此在信任度不足的情況下,貓絕不會輕易將重要的爪子交給主人處理,這也是為什麼對很多飼主來說,想要幫貓咪剪指甲,總要經過一番戰鬥的原因了!

1. 建立信任度

首先，必須要讓貓咪習慣主人與牠的肢體接觸。還記得先前強調的嗎？信任度必須建立於每一次的肢體接觸都是美好的經驗上。

怎樣才算美好的肢體接觸經驗？這取決於接觸的時候發生了什麼事。如果撫摸貓咪後，飼主得到貓咪磨蹭或呼嚕伴隨前腳抓抓、踩踏的反應，代表貓咪非常享受這樣的接觸，所以給正面回應。

但反之，若肢體接觸後貓咪立刻離開或是抓咬攻擊，代表貓咪對接觸這件事有非常負面的體驗，如果有這種問題，就必須從接觸練習重新開始。

好的肢體接觸	觸摸貓咪後得到反應 · 貓咪呼嚕磨蹭 · 貓咪出現撒嬌踩踏反應
壞的肢體接觸	觸摸貓咪後得到反應 · 貓咪逃走 · 貓咪攻擊

貓咪肢體接觸的好壞反應

2. 選對時機是關鍵

什麼是剪指甲的好時機？你可挑選貓咪處於安定的狀態時動手，這時的貓咪配合度高且容易成功。

　　貓有固定的生理作息，也有當下優先必須要執行的事情，例如：狩獵、上廁所、巡邏、吃飯、躲避擔心的事物。因為貓咪不會言語，飼主可以觀察貓咪是否正專注在其他事情上，如果貓正忙著做別的事情時，請另外選擇適當時機。

　　哪些時機算適當呢？例如貓咪回到自己經常睡覺的休息區，側躺下來時，或是當貓睡姿呈現手腳外露的狀態時，都是非常好的練習時機。

　　練習不需要刻意或強迫。如果飼主和貓咪相處愉快，貓咪在家中能夠正常放鬆，在生活中，你每天都有機會遇到貓咪安定躺下的機會。

　　在這樣的時刻，請用平常撫摸貓咪的方式與貓接觸，將貓咪帶入安心且開心的情緒，再開始修剪指甲。

　　剛開始練習的時候需要隨時注意貓咪的狀態，是否有尾巴的擺動或是身體的閃躲？請在貓咪不耐煩之就停止剪指甲的動作。

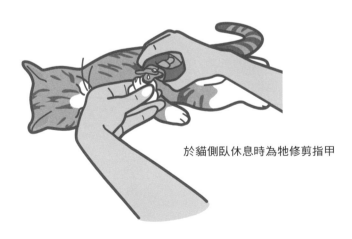

於貓側臥休息時為牠修剪指甲

3. 不可操之過急

　　很多飼主都會犯以下幾種錯誤：

▲ **過於急躁** ▶

開始剪甲練習後，千萬不可操之過急。不用給自己太大的目標，即使一次只剪一個指甲也沒關係，完全沒剪到也沒關係，只要貓咪稍有不情願反應就立刻停止，等五分鐘、十分鐘後再剪第二根指頭。必要時可以完全放棄，等下一次貓咪情緒安定的時段再練習。

▲ **別強迫貓咪** ▶

有的飼主因為著急，會強將貓咪五花大綁，讓貓咪在強迫狀態下完成。

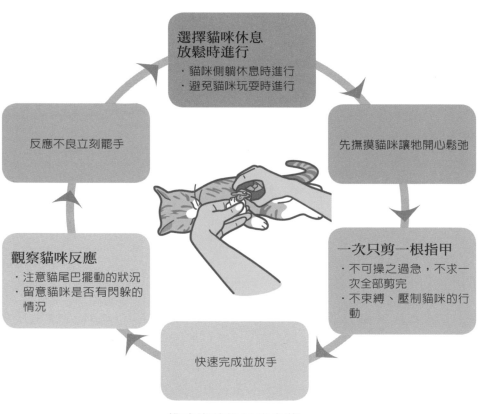

選擇貓咪休息
放鬆時進行
・貓咪側躺休息時進行
・避免貓咪玩耍時進行

先撫摸貓咪讓牠開心鬆弛

反應不良立刻罷手

一次只剪一根指甲
・不可操之過急，不求一次全部剪完
・不束縛、壓制貓咪的行動

觀察貓咪反應
・注意貓尾巴擺動的狀況
・留意貓咪是否有閃躲的情況

快速完成並放手

貓咪修剪指甲的步驟

　　強迫的方式會使貓咪對於剪指甲充滿抗拒的、害怕，這種的認知不會因為反覆的強迫而成為習慣，反而會加深貓咪對於剪指甲的反感，以及讓剪指甲這件事情，成為牠日常的壓力累積。

◀ 站在貓的立場考慮適合時機 ▶

　　如果貓咪正活躍玩耍，或是環境有令牠緊張的事情正在發生時，強行進行練習，容易失敗。

對付貪吃貓的絕招──零食引誘

必要的時候，可以利用貓咪喜歡的肉泥或零食作獎勵，降低貓咪的警戒心，讓牠配合剪指甲，但前提必須是貓咪願意為了食物而接受主人觸碰牠的手腳（如果貓咪平常就不允許主人碰觸手腳，不管如何引誘，都很難達成目的），那麼「邊吃邊剪」是可行的方法！無論如何，在日常生活中，一定要先培養貓咪對你的接觸信任感，才能事半功倍，也避免貓咪因為口味變化或是生病了不適合吃零食就不能剪指甲。

利用食物引誘貓咪，同時替牠剪指甲

第一次洗貓
就上手

　　許多飼主都覺得，貓很怕水，否則怎麼會只要一碰到水就歇斯底里呢？

　　與其說貓咪怕水，倒不如說貓是害怕身陷水中時那種難以掌控來去的不安全感。貓咪怕的不是水（有些貓咪還很喜歡主動玩水），而是怕不能控制情況。

初次洗澡經驗將影響一生反應

　　貓咪是經驗法則動物，第一次的經驗，將深深影響貓咪此後對一事的反應。

　　洗澡、浴室、沖水後塗抹沐浴乳……這些在人們來說稀鬆平常的事情，對於貓咪而言根本不需要！貓咪認為自己有能力把毛髮梳

理得很乾淨，而站在健康的角度來看，確實，若沒有特殊需求或狀況，貓咪即使一輩子不洗澡，也不一定會影響健康（但特定品種除外）。

　　所以要引導貓接受洗澡，必須從兩方面來考量：環境與肢體的接受度。

　　首先，貓對於浴室這個

環境是否熟悉？浴室對牠有沒有沒有威脅性？開了蓮蓬頭後的水聲以及水柱的樣子，這些都是貓在短時間必須接受的聲音和影像，膽小的貓咪因為還來不及適應，會有想要逃跑的念頭，而飼主為了阻止牠逃跑，立刻是用手抓住，但這一抓反而讓貓咪更加害怕！別忘了，「抓」在貓咪肢體語言中是「被狩獵」的意思。

先前洗澡經驗是否良好？

貓咪性格如何？

貓咪是否熟悉浴室？

平時貓咪會主動接近浴室嗎？

對水聲和水柱的反應？

是否有想逃竄的反應？

判斷貓咪洗澡接受度

當害怕的程度過高時，就會形成恐懼。倘若貓咪沒有辦法逃脫成功，會本能出現扭動、揮拳，或是吼叫等等反應，牠嘗試用哪一種方式能夠達到逃走的目的，如果剛好抓咬能令飼主鬆手，那麼下一回牠就會直接使用這個方式來逃走。幾次下來，你就把貓咪訓練成一隻小惡魔了！

為幼貓進行第一次洗澡練習

所以說，想要為貓咪建立美好的洗澡體驗，是很重要的事，而且必須在幼貓時期盡早建立。利用幼貓對於什麼都好奇、什麼都好

玩的特性，讓貓早點確認「洗澡是有趣的」印象。

◀ 準備物品 ▶

淺的嬰兒洗澡盆、乒乓球數個、寶特瓶蓋數個、乾零食切丁、馬克杯或大小相當的舀水勺子、寵物專用吸水毛巾。

◀ 洗澡步驟 ▶

Day1-Day3

每天讓貓咪探索浴室，並且在預計洗澡的位置和時段，給予幼貓所愛的零食。

以食物誘哄小貓走進浴室，觀察探索環境

Day4-Day7

每天將澡盆注入溫水，水深約1至2公分左右，並將乒乓球或寶

特瓶蓋放入澡盆內使之漂浮，再將少量切丁的零食放入寶特瓶蓋內。

此時的幼貓應該已經迫不及待想用手撥弄，可以讓貓咪自由發揮、碰觸溫水，遊戲時間約10到20分鐘。

讓小貓玩泡在水中的瓶蓋和小球，習慣碰觸水

Day8-Day9

水深每日增加1到2公分，當在幼貓玩得不亦樂乎時，可用手或小杯舀水，將水來回倒入盆中，讓幼貓習慣淋水聲。

注意：水溫必須保持適當溫度，約攝氏四十度左右。

Day10

在貓咪專心遊戲的時候，用手或杯子將水漸漸往貓咪身上淋濕，部位必須從腳部開始，不可操之過急。

貓咪若沒有不適應的反應，再將水朝後大腿、屁股、腰部澆淋，最後才是頭部。過程中請密切觀察貓咪反應，若貓咪想離開，表示進度太快，必須退回貓咪沒有反應的步驟重新來過。

舀水淋濕貓咪,先從腿部開始,令貓咪逐漸適應

Day11

1. 貓咪全身淋濕後,可開始塗抹洗毛精,搓揉後一樣使用杯子舀溫
   水洗淨泡沫。沐浴過程必須讓貓咪保持站姿,盡量速戰速決,不
   要超過平常練習的時間。

2. 沖洗完畢後用寵物吸水毛巾將身上的水分盡可能吸乾。擦乾的時候,
   請讓貓咪保持站姿。如果幼貓喜歡被抱,可以將貓咪抱起來操作。

3. 安排貓咪在曬得到太陽的地方自行理毛。

　　對於討厭洗澡的成貓,也可以用上述方法練習,但練習時間步
驟要比幼貓還要再放慢約二至三倍以上。因為成貓對於以往洗澡的
經驗不佳,需要更多時間來重新接受一件經驗不良的事情,另外,
成貓因為性格定型,不如幼貓能夠無所畏懼地去嘗試新事物。

進程時間	練習內容	注意事項
Day1-Day3	以食物誘哄幼貓進入浴室	循序漸進，避免驚嚇
Day4-Day7	以玩具引誘貓咪探索，逐漸親近水	水溫約40度，每次10-20分鐘，不強迫
Day8-Day9	先讓貓咪習慣流水聲	貓有厭惡反應立刻停止行動
Day10	漸漸以水澆濕貓咪	淋水位置由腿、腳、屁股開始開始
Day11	實際洗澡	速戰速決，全程讓貓咪保持站姿

貓咪對洗澡的反應

在處理成貓的時候，必須先分辨貓咪到底是討厭還是害怕洗澡。這兩者不但有差異，也有不一樣的處理方式，飼主必須透過觀察貓咪的反應，了解牠的狀態。

討厭的反應：想離開或是躲開、呈現蹲姿、身體縮成一團。

害怕的反應：哈氣、揮拳攻擊、低吼或是大聲喵叫。

如果家中的貓咪對洗澡這件事情感到害怕，建議可以使用乾洗泡泡慕斯來做清潔，並確實做足接觸信任的練習後再進行洗澡訓練。

隔離貓咪的環境
安排與準備

經常聽到有飼主說：「貓咪需要一個安心居住的地方，所以一定要在家裡準備一個籠子。」或者「主人不在家的時候關籠」、「睡覺關籠」、「不乖的時候就關進籠子裡反省」，甚至宣揚關籠飼養的好處。

貓咪確實需要一個能夠安心居住的環境，但不等於應該要關籠飼養，而我們將牠安置於籠內，並不表示貓咪會因為住在籠子裡而感到安心。必須考慮籠子在貓心中的意義，到底是牢籠？還是專屬的小天堂？

關籠飼養是惡性循環

但很多飼主因為誤信這些說法，所以將貓咪過度關籠。過度關籠的結果，反而衍生出許多問題，譬如貓咪出籠後沒自信，感覺緊張、害怕，或是難得出籠所以反應激烈，導致主人認為貓咪行為失控，又將牠關回去以示處罰……

不管是怎樣的結果，對貓咪都是嚴重的傷害。

首先從籠子的大小來看，無論是單層或雙層甚至是三層的貓籠，對貓咪來說，活動範圍都不夠大。貓咪每天需要進行數次「巡邏」及「探索」的活動，這是天性，關籠飼養絕對不可能滿足貓咪這兩方面的需求。而貓咪無法執行每天必須要做的行為，容易產生心理焦慮、害怕。

即使是共同生活的飼主，也不易觀察到貓咪初期焦慮，往往忽

略，到了後期演變成明顯的攻擊行為才很驚訝，「我家的貓咪怎麼突然攻擊人？」

給予貓咪安心居住的環境，不是一個限制空間的籠子，而是一處沒有威脅感存在的室內空間，提供貓咪躲藏的區域、攀爬的高處以及建立良好的互動，都是能讓貓咪感到安心的關鍵方法。

如果因為確實不得已的因素，必須暫時限制貓咪的活動範圍，可以將關籠飼養的觀念稍作修改，用相同的概念幫貓咪打造一個獨居的快樂的小天地。

貓因害怕、恐懼，出現攻擊行為

貓咪缺乏足夠巡邏及探索，天性受抑，壓力大

空間狹窄，行動受限

籠中缺乏隱藏、狩獵環境

關籠飼養容易導致情緒焦慮

如何打造貓咪天地

1. 比起籠子，更好的在家中安排一間隔離貓咪用的房間。

2. 將留有貓咪氣味的專屬睡窩、食物、水盆、便盆等日常用品放置在籠子內或房間裡。

3. 逐步增加時間，讓貓咪練習在房間內生活。

4. 七到十天內,一天數次,每日固定時段,以食物引誘貓咪至隔離區,讓貓咪在房裡或在籠中享用飯食。

5. 只要一關門,立刻給予貓咪飯食,吃完飯後立即將門打開。

6. 逐漸延長開門時間,例如前三次練習貓一吃完飯就立刻開門,接下來每一次延後3到5秒開門,每日逐漸增加。

7. 平時,將零食藏在小房間任一處你希望貓咪去的地方,讓牠自行探索發覺。

8. 注意!若選擇使用籠子,平時絕對不能用手將貓咪從籠中強行抱出,避免破壞貓咪對於籠內安全的信任度。

9. 除了食物,空間內另外還必須設有貓咪喜歡的休息區、對外窗,讓貓咪自然而然喜歡停留在這裡休息或玩耍。當貓咪自主待在房間的時候,可以利用機會將門短時間內關上,讓貓咪習慣關門,並且認定門很快會打開。

10. 經常在房間內做任何貓咪喜歡的活動,譬如餵食、逗貓遊戲等等。

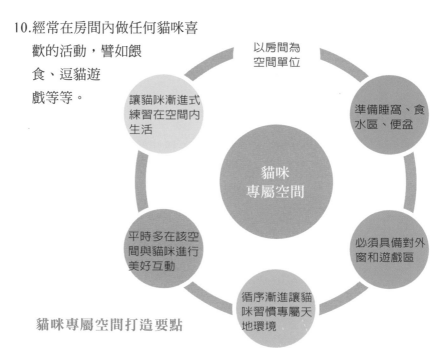

以房間為空間單位

準備睡窩、食水區、便盆

必須具備對外窗和遊戲區

循序漸進讓貓咪習慣專屬天地環境

平時多在該空間與貓咪進行美好互動

讓貓咪漸進式練習在空間內生活

貓咪專屬空間

貓咪專屬空間打造要點

化解常見的
貓咪衝突

　　有趣的是，養狗的飼主，普遍只養一隻狗，但養貓的飼主則會傾向同時飼養兩隻貓或甚至更多貓咪。對愛貓的人來說，被多隻貓咪環繞是無上幸福，但多貓家庭發生的衝突，也比只養一隻貓來得更激烈。

　　貓咪之間衝突的原因，主要是因為貓咪無法共享資源，牠們衝突的表現是哈氣或打架，企圖用爭奪的方式捍衛領土和保護自己。

　　如果仔細觀察就會發現，貓咪之間衝突總是一對一，不會有同時三隻或以上的貓咪打群架。不管怎樣，貓咪打起架來是很激烈的，帶傷見血都很常見。

隔絕視線，終止戰鬥

　　貓咪發生衝突的時候，絕對不要大聲斥責或是用手將貓咪抱起，避免讓貓咪之間的關係更加緊繃。如果是沒有受傷的日常小打小鬧，可以記錄打架的原因、時間或錄影打架經過，交由專業人士協助找出衝突點，才能化解打架的問題。

　　但當情況惡化，演變成貓咪大戰時，可以準備一片比貓咪體型還要大的紙板，用紙板擋住兩隻貓咪的視線。一旦擋住彼此視線以後，「被害者」往往會自行逃離現場，再將兩隻貓分別做暫時性的隔離。

兩隻貓打架的時候，主人可用比貓大的紙板從中介入，擋住兩隻貓的視線

哪些狀況容易造成貓咪衝突？

◀ 1.新貓咪成員加入 ▶

　　當新貓加入時，最容易發生貓咪衝突，因為貓咪對於不熟悉的新成員感到不確定的威脅。

　　但貓咪衝突的發生，有可能是原本熟識的舊貓群體內訌，也有

可能是與新加入的貓咪發生衝突，因為對貓咪來說，牠們並沒有先來後到的分別。

◀ 2.活動空間不足 ▶

若貓咪認為自己的領土遭到入侵，就會為了捍衛領土內的資源而對外衝突。

◀ 3.食物不足 ▶

貓咪無法接納新成員，最直接的問題就是食物被瓜分。當貓咪認為食物有限的時候，更容易與同伴之間互相競爭。

◀ 4.貓咪沒有被群體接納 ▶

新舊貓咪在第一次接觸時的互動經驗好壞，與生活在一起時是否有生活習慣上的衝突，都會影響貓咪是否能夠被接納。

◀ 5.生活變動 ▶

最常見的情況例如主人出差，貓咪的生活作息改變，加上代為照顧的家人或友人與原本照顧者的方式略有不同，造成原本相安無事的貓咪們無法適應，發生衝突。

◀ 6.生活單調、無聊 ▶

當貓咪的生活範圍太過狹隘或是環境不夠豐富，巡邏和打獵的天性欲望沒有被滿足，強勢的貓咪就會以攻擊弱勢的貓咪為樂，惡性循環，導致弱勢貓咪永遠扮演獵物的角色。

◀ 7.貓咪日常壓力累積 ▶

如果貓咪面在生活中累積過多的挫折與壓力，沒有得到適當的發洩，可能會對同伴進行轉向攻擊。

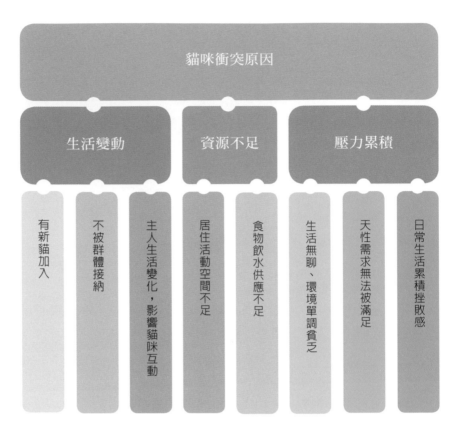

貓咪衝突原因

| 生活變動 | 資源不足 | 壓力累積 |

有新貓加入

不被群體接納

主人生活變化，影響貓咪互動

居住活動空間不足

食物飲水供應不足

生活無聊、環境單調貧乏

天性需求無法被滿足

日常生活累積挫敗感

造成貓咪衝突的原因

　　貓咪的紛爭很難隨著時間而自然平息，如果飼主置之不理，將會對貓咪產生壓力與傷害。許多飼主在貓咪爭鬥時經常急著介入，企圖用講理或處罰遏止的方式弭平紛爭，但因為貓無法理解人類的行為，反而容易造成更糟的結果。飼主們必須特別注意。

喵星人與汪星人的同居法則

很多飼主誤以為，家裡養多種寵物或多隻寵物，能夠幫助原本飼養的貓狗「排解寂寞」或「增加新朋友」，但這是不正確的想法。

無論是貓咪或狗狗，都不會因為有了新同伴的加入而排遣無聊、增加生活樂趣，事實上，對原本居住在家中的貓狗來說，新成員的加入，反而是既有資源重新分配的危機，伴隨而來的是生活上的轉變與主人態度的變化。

因此，預防勝於治療，建立良好的第一印象勝過貓狗發生衝突之後再重新修補關係。對於正在考慮將貓咪與狗狗結合為一家人的飼主來說，在增加家庭新成員之前，最好做足準備：

已經養狗，準備養貓者：挑選幼貓容易融入家庭

首先，請確認家中的狗狗過去是否有咬傷貓咪的紀錄？尤其是體型與貓咪落差較大的狗，更容易有這種情況發生。如果狗狗原本有傷害過貓的「前科」，請務必尋找訓練師協助評估，進行訓練。

根據每一隻狗狗的學習經驗不同，對貓咪有不一樣的認知，有些狗對貓咪只是心懷好奇，但因為互動方式不良，導致貓咪恐懼害怕，而有些狗狗可能因為過去有狩獵貓咪而得到獎勵，判定貓咪是可以獵捕的。

你的狗狗在遇見你之前，可能已經有其他的學習經驗，因此不可大意。這方面的訊息，可以藉由平常狗狗散步時看見貓咪的反應

來觀察。

　　如果家中飼養的狗狗對於貓咪的接受度很高、反應穩定，建議挑選幼貓作為家庭新成員。因為幼貓的好奇心和學習能力都很強，可以很快找到與狗夥伴的相處之道。若新成員是成貓，可能因為牠過去從未近距離接觸過狗，或是接觸狗的經驗不佳，壓力較大。

　　當然，如果新加入的成員是一隻與狗狗社會化經驗良好的成貓，那麼彼此衝突的可能性就大大降低了。

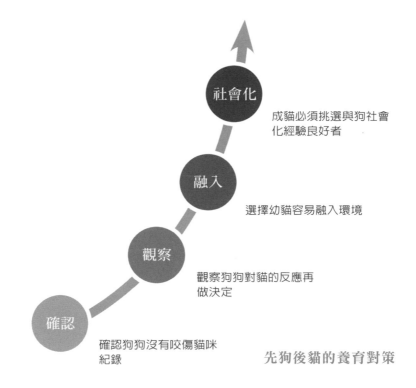

先狗後貓的養育對策

已經養貓，準備養狗者：保持互動距離，並確保各自動線

　　為了盡可能降低貓咪面臨新加入時的壓力，貓咪常使用的休息區、專屬睡墊、最常去的地方、必須要去的地方、廁所地點、吃飯地

點都必須列入考慮，避免讓讓狗的活動範圍影響貓咪使用的權益。

在貓狗還不熟悉彼此的階段裡，請讓牠們保持適當距離，避免驚嚇。常見的情況是當貓咪還不確定狗狗的威脅性有多高時，熱情的狗狗就已經撲向貓咪，這對貓來說是極可怕的事情，像是被獵捕一樣。初次相遇，如果就發生了這樣的衝突，不管最終有沒有造成傷害，這種讓貓咪受驚嚇的舉動，已經造成了貓咪判讀「狗很危險」的結論。

一開始讓貓狗見面的時候，保持適當的安全距離，最好是讓貓咪處在空間上方，在狗狗無法接近的高處自行觀察，以降低貓咪的戒心。一旦貓咪降低了戒心，自然會縮短彼此之間的距離，也不太會發生哈氣或是揮拳攻擊的問題。

貓狗特性大不同，要讓牠們同住一個屋簷下其實並不難，主人需要滿足牠們各自的需求，將資源和動線規畫安排好，貓咪和狗狗一樣可以成為感情融洽的一家人。

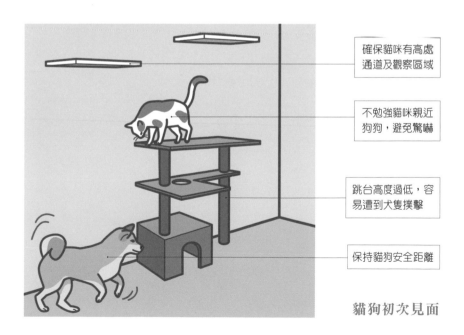

確保貓咪有高處通道及觀察區域

不勉強貓咪親近狗狗，避免驚嚇

跳台高度過低，容易遭到犬隻撲擊

保持貓狗安全距離

貓狗初次見面

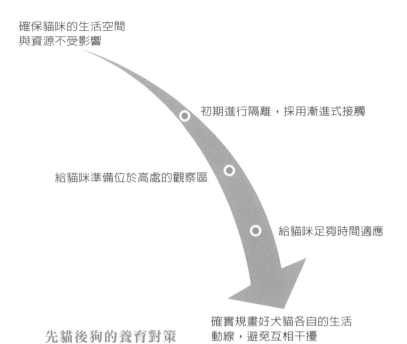

確保貓咪的生活空間
與資源不受影響

初期進行隔離，採用漸進式接觸

給貓咪準備位於高處的觀察區

給貓咪足夠時間適應

先貓後狗的養育對策

確實規畫好犬貓各自的生活
動線，避免互相干擾

貓狗共處常見問題

	引發者	問題	原因	處理方式
貓狗共處常見問題	從狗而起	狗狗對貓咪吠叫	・狗狗藉此獲取主人關注 ・貓咪缺乏能夠躲避衝突的活動空間	・不體罰 ・主人離場，降低狗狗藉此得到主人注意的習慣 ・增加狗狗散步和活動時間，消耗多餘體力 ・增加狗狗服從指令訓練
		狗狗追逐貓咪		
		狗狗愛吃貓咪排泄物	・狗狗藉此獲取主人關注 ・貓排泄物蛋白質含量高	・降低狗狗藉此得到主人注意的習慣 ・保證雙方各有足夠生活空間和區域
	從貓而起	貓咪對狗狗哈氣	・貓咪缺乏獨立生活空間	・給貓獨立生活的空間 ・為貓咪安排一條能夠「完全避免狗狗」行動路線
		貓咪攻擊狗狗		

化解貓狗衝突，先從飼主離場開始

狗會主動和主人互動，以取得主人的關注，因此，在你希望狗狗養成的行為上做獎勵，對狗的學習來說非常重要。

但往往也因為如此，狗因為追逐貓咪或對貓吠叫引來主人關注，久而久之令狗狗認為，這一類行為能夠引來主人注意，最終形成習慣。

解決之法很簡單。首先，在狗狗安定的時候給予稱讚和獎勵，例如坐著、趴著或任何沒有將注意力放在貓咪身上的時機點。萬一不小心發生狗追逐貓咪或是對貓咪吠叫的行為，主人必須忽視狗狗的行為，並且在第一時間立刻離開現場，

狗狗對貓吠叫或追逐 → 貓咪逃竄引發主人關注 → 狗誤以為得到飼主注意 → 再次挑釁貓咪企圖引起注意

挑起貓狗戰爭的惡性循環

狗對貓吠叫或追逐 → 貓咪逃竄 → 主人立刻離開當場 → 狗狗得不到關注反應 → 狗狗停止挑釁行為

停止貓狗戰爭的惡性循環

　　因為主人脫離紛爭現場的行為，已經在告訴狗狗「別做這件事情」，同時狗也會觀察飼主的反應，決定下次要不要繼續加重這樣的行動。切記不要強行制止或體罰狗狗，因為制止本身對狗來說，就是最大的關注，而體罰會加重三方的關係惡化，無法解決任何問題。

避免貓狗同處時的無聊窘境

　　有一種情況是因為狗狗活動力過度旺盛，沒有適當地去滿足體力上的消耗，因此貓狗長時間處在同一個空間中，彼此無事可做，只好互相追逐。如果家中飼養的狗狗是工作犬、幼犬、運動犬或牧

羊犬，請務必每日規律地帶狗外出散步，讓狗狗期待能與主人一起活動。活動時，給予狗狗大腦不同的刺激，可降低追逐貓咪的欲望。

另外，平常可以教狗狗一些服從指令，例如找玩具、抽衛生紙等等，用這些指令豐富狗狗的居家生活，或者指派工作讓狗去完成，把狗狗的注意力吸引到主人身上，建立人狗之間良好的互動。

還有許多貓狗同居家庭的衝突來源，是因為狗總是喜歡吃貓大便！

這有兩種原因，一是因為貓大便的動物性蛋白質含量高，味道非常吸引愛吃的狗狗嘗試，最終「一試成主顧」；另一種可能是，每次當狗狗跑去吃或玩貓大便的時候，主人反應激動，放下手邊的工作飛奔而來，試圖阻止狗的不當行為，但這樣的反應卻令狗狗覺得自己倍受重視，認為這是引起主人注意的最佳方式，於是反覆這麼做。

當然，也有可能兩種狀況同時存在，那麼狗狗真的沒有理由不吃貓大便了！

給予貓咪獨立空間，減少衝突

對於貓咪，我們需要著重的是空間上的分配，而狗狗則是著重於訓練。

替貓咪設定好獨立舒適自在的生活空間是必要的，所謂的「獨立」，並不是指關房間或者隔離。貓咪需要與共同居住的每一個成員都達成良好互動，也需要有自由探索居住範圍的自由，但同時牠也非常需要單獨休息的環境，獨享不被打擾的空間，好好單獨吃飯、安心上廁所，這就是貓咪所需要的獨立。

想要化解貓狗衝突，對貓來說，並不需要特別訓練，而是利用貓咪本身「避免衝突」的特質，使貓狗和平共處。

通常貓狗衝突發生的原因，在於家庭環境中的動線不佳。例如，狗狗在地面上亂跑，而貓必須同樣利用地面通道活動時，就很容易產生衝突。貓對於狗狗有戒心，而狗對於經過的貓咪也有反應，可能會想要追逐或是驅趕，於是接下來貓狗相見，難免就會發生衝突，日積月累下來，衝突就會成為每日的「例行公事」了。

在這種情況下，只要替貓安排一條「不需要經過狗狗身邊」的行動路線，例如利用牆壁的垂直的空間，建立貓的通道，分開貓狗活動路線，讓貓咪在高處可以得到安全感，也能夠避開所有可能與狗發生衝突的地點。當貓咪有其他更好的行動路線可以選擇，貓會自我管理，避免衝突發生。

三分鐘就可以做到的緩解衝突微調

1. 將貓咪吃飯的食物和水碗安排在狗狗接觸不到的平面上，或是利用貓狗體型大小的差異，將貓咪的食物放在只有貓咪能夠出入的貓窩中。

2. 將貓砂盆更換成開口朝上的「桶式貓砂盆」，狗狗不方便吃到貓大便，久而久之就會放棄這件事情。

3. 在貓狗必須共處的空間，如客廳或主要通道中加裝層板、跳台，增加貓咪的行動路線。

即使無法明確區分貓內狗外的生活環境，貓狗共處也要注意空間、動線安排

貓咪社會化,讓貓正向學習融入環境

你是否發現,貓和狗性格全然不一樣?大多數貓咪只想縮在外出包裡,有些貓咪一旦發現即將要被帶出門就先躲為快。帶有些貓咪出門卻很輕鬆,只要穿上遛貓衣,即使在人來人往的公園也能夠自在行走。

為什麼都是貓咪,面對同一件事情確有完全不同的反應?

為什麼即便是同一個家庭飼養的貓咪,也可能會對相同的事情產生不一樣的反應?

這是因為貓咪們的學習經驗以及社會化程度有所不同,因此每一隻面對同樣的事情,反應也大不相同。

什麼是貓咪社會化?

廣義的「社會化」是指貓咪從出生開始,這一生所經歷的所有事情,讓牠所學習到的經驗。

經驗的好與壞,尤其是第一次遭遇的經驗,將決定貓咪下一次面對這件事情的反應。例如第一次與人接觸時是否在一個安心的狀況下、自願接近,而非強迫性地抱起,將會影響這隻貓咪日後對於接觸人的反應和態度。

與不同的人接觸對貓咪來說,也會形成不同的經驗。貓咪能夠區分成年男性、成年女性、孩童、老人、攜帶工具的陌生人、外送

員等等行為上不同特質的角色,所以對於成年男性和女性接觸經驗良好的貓咪,不見得能夠與孩童自在相處。

如果一隻貓咪願意親近初次見面的陌生人,表示這隻貓咪對於陌生人的社會化良好;如果一隻貓咪外出時遇見小型犬或腳踏車在安全距離外沒有反應,代表這隻貓對於小型犬狗和腳踏車的社會化良好。

但別忘了,體型不一樣、行為不一樣的狗,對貓咪來說都是不一樣的,同理,腳踏車、機車、電動車、三輪車、汽車、公車……對貓而言也是完全不同的。我們處於人類的世界,對於這些事物早就稀以為常,所以常常忽略其實帶貓咪出門時,可能讓貓在短時間突然面對這麼多的事物,還包含了許許多多不熟悉的氣味和多變化的環境,因此造成貓咪害怕外出的心態!

幫助貓咪良好的社會化

培養貓咪良好的社會化能力,是為了讓牠能夠安心自在。

社會化不良的貓咪面對任何變化總是害怕以對,但是生活中難免有必須要執行特定事務的時候,例如帶貓咪出門去看醫生,對人來說,只是把貓裝進外出籠、搭車或開車,送進醫院看診;但對貓咪而言,牠所經歷的不只是看診,而是從出門到看診完畢、返家。儘管在診間的體驗可能無法每一次都非常良好,但起碼如果事前就培養好良好的外出、搭乘交通工具、面對人和進入醫院等等細節經驗,貓咪對出門沒有恐懼感,壓力自然降低。

換句話說,對生活中大部分事情都社會化不良的貓咪,生活壓力也會比較大。除非能夠讓貓咪完全不需要面對,例如一輩子不出門,或是永遠不看醫生,貓咪或許可以避開社會化不良帶來的影響。但這樣做並不實際,最好的方法還是協助貓咪有良好的社會化

經驗。

一隻具有抗壓性的貓咪是快樂的，也會連帶影響牠的心理層面。作為一隻見多識廣的貓咪，牠在對於領土的保護、資源分享上，有極大的寬容度。

不同年齡層的貓咪，進行不同的社會化適應

8～16週齡以前的幼貓，是學習的精華時期，這段時間貓咪所學到的經驗較為根深蒂固。隨著年紀的增加，學習的效果會遞減。

在學習能力佳的時間點學習，貓咪的學習速度不但快速，也幾乎沒有壓力，但過了特定的年紀再來練習，學習反而成為一種壓力。若是到了高齡貓的年紀才開始練習外出遛貓，很可能造成反效果，使得貓咪壓力增加。

什麼樣的年齡層貓咪適合做怎樣的練習，應該請訓練師先進行評估、建議。評估的內容同時考量貓咪的身體狀況和過去已學習的經驗，並且以貓咪的需求為主。

對貓咪來說，社會化是一輩子的事。雖然我們未必能從幼貓8週開始養貓，以前的事情不可考，但從遇見貓咪的那一刻起，仍然可以盡可能地給予牠一個安心的世界。

五個可以簡單建立的基礎社會化

◀ 1. 每天短時間出門 ▶

這主要是針對幼貓進行的社會化訓練。透過帶貓外出，讓牠熟悉家門以外的世界。

過程中,貓咪不一定要落地,可以將貓裝在能夠看見外面世界的外
出包裡,即使只是抱著牠下樓到便利商店停留5到10分鐘左右,都
很有幫助。

──────────────── 攜帶幼貓出門的注意事項 ────────────────

帶幼貓出門,建議使用通風良好、內部材質洽當的外出袋或外出包,以

能夠前背、側背為主,以便幼貓隨時觀察主人狀況。

硬式的外出籠通常是長程旅途或特定需求使用。因材質堅硬,建議考量

幼貓狀況,避免因過度搖晃撞擊而受傷。

◀ 2. 到動物醫院吃點心 ▶

製造一個「去醫院就會發生好事」的情境,在貓咪真正生病
之前,經常帶牠去醫院,然後享受最愛吃的點心,過程不做任何診
療,建立貓不畏懼醫院的信心。

◀ 3. 不勉強貓咪主動接觸訪客 ▶

要求家中陌生訪客,不主動接觸貓咪,而是讓貓自己選擇是否
要接近訪客。這是為了建立貓咪對陌生人的良好的印象。當貓選擇
主動接近訪客,代表牠已經準備好了與人接觸,可以免於陌生人主
動接觸所造成不良經驗的風險。

◀ 4. 感受良好的觸摸 ▶

貓咪許多的問題行為都和接觸經驗不良有關,例如無法碰觸手
腳、害怕被抱起、不肯接受耳朵清潔等等。要讓貓咪了解每一次的
接觸都是安全而無害的,必須從平常就培養好接觸信任,在貓咪安
定的狀態下進行撫摸。

「觸摸」重質不重量，每一次只需要幾秒鐘，只要貓咪沒有任何不良反應，就算達到目的。

◀ 5. 讓每一隻貓咪獨立吃飯 ▶

一起吃飯或是吃飯距離太近，容易造成貓咪有食物被搶奪的壞記憶，未來衍生成護食或是其他競爭的可能性，這種經驗尤其是在幼貓時期最容易產生。因此除了食物準備充足，也要避免讓貓咪之間形成競爭。

至於對已經相處融洽的貓咪群體來說，一起吃飯、彼此不會爭搶，就沒有問題。

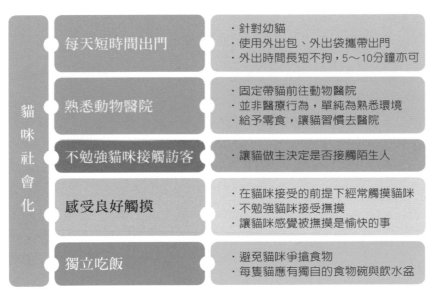

貓咪社會化	每天短時間出門	・針對幼貓 ・使用外出包、外出袋攜帶出門 ・外出時間長短不拘，5〜10分鐘亦可
	熟悉動物醫院	・固定帶貓前往動物醫院 ・並非醫療行為，單純為熟悉環境 ・給予零食，讓貓習慣去醫院
	不勉強貓咪接觸訪客	・讓貓做主決定是否接觸陌生人
	感受良好觸摸	・在貓咪接受的前提下經常觸摸貓咪 ・不勉強貓咪接受撫摸 ・讓貓咪感覺被撫摸是愉快的事
	獨立吃飯	・避免貓咪爭搶食物 ・每隻貓應有獨自的食物碗與飲水盆

貓咪社會化的基礎法則

對於貓咪來說，「第一次」的經驗是非常重要的，飼養幼貓的貓主人們可要好好注意，因為對於幼貓而言，幾乎每一件事情都是牠的第一次！

貓咪確實是對的！
常見的飼主錯誤認知

上一章我們談到貓的天性行為。但另外有一些貓咪與生俱來的天性，經常被飼主誤認為是「問題行為」，例如貓咪的遊戲攻擊、不愛喝水、對陌生貓咪充滿敵意或磨爪破壞等等，乍看起來是貓咪有問題，令飼主感覺棘手，但其實都是貓咪的正常表現。

通常當飼主覺得「這隻貓咪有問題行為」時，真正有問題的並非貓咪，而是人。就貓咪本身來看，自己的行為是很正常的，但因為人類不樂見貓的這些反應，所以把貓的正常行為歸於問題行為。

歸納輔導貓咪與飼主的經驗後我發現，貓咪本身不正常的問題行為很少見，有些像異食癖、心因性的過度理毛，主要是因為貓咪的基因或生理上出問題，導致行為異常，治療牠的方式，必須要靠藥物搭配行為治療。

接下來我們來談談這些因飼主們的誤會產生的貓咪問題！

貓不肯在便盆上廁所？

很多貓咪飼主的最大苦惱，都與貓咪不在定點排泄有關。人們只要看到貓咪不在便盆中上廁所，就會焦慮，懷疑貓咪有問題。有些人會覺得貓在貓砂盆之外上廁所，是因為「心情不好」、「報復飼主」或「惡作劇」，但其實有問題的可能根本不在貓咪的心態，而是出於以下的幾種原因。

1. 生理因素：貓咪尚未結紮，出現發情噴尿的狀況，或可能是因為

關節疼痛不方便進入便盆……

2. 不滿意貓砂盆：貓咪會因為對貓砂盆的清潔度、貓砂的厚度、貓砂盆的大小或數量等等不滿，不願意在貓砂盆中上廁所。你可以透過以下的「貓砂盆滿意度檢查表」，確認家中貓砂盆的狀況，是否符合貓咪的需求。

3. 壓力反應：生活中的變動，容易使貓咪改變自身行為，例如主人出差，請家人朋友代為照顧，或家中有新成員、新生兒報到，都會影響貓咪的行為。

4. 寵物之間的相處衝突：另外家中如果有其他寵物，寵物之間相處不融洽，也會導致貓咪不敢使用貓砂盆或降低使用貓砂盆的意願。

5. 分離焦慮：極少數的貓咪不在便盆上廁所的原因和分離焦慮有

砂盆滿意度檢查表

檢查項目	檢查標準	得分
砂盆清潔度（30分）	貓砂盆是否乾淨、沒有臭味？是否經常清潔？	
貓砂厚度（10分）	盆中貓砂的厚度是否符合該種貓砂建議的厚度，以發揮吸水吸臭的效果？	
砂盆位置（30分）	貓砂盆是否擺放在貓咪覺得安心、安靜、安全的位置？	
砂盆大小（10分）	貓砂盆的空間，是否容許貓咪可以轉身撥砂，進出的時候不需要壓低身體？	
砂盆形式（10分）	按照貓咪喜好，選擇敞開式或是有蓋式貓砂盆	
砂盆數量（10分）	理想的貓砂盆數量＝貓咪數量＋1 （有些貓咪習慣「乾濕分離」，便尿分開在兩個不同的地點，因此一隻貓準備兩個砂盆是基本配備）	

關，需要同時評估貓咪與主人之間的關係和相處模式，以及是否有除了不在便盆上廁所以外的其他問題。

另外，雖然同樣是排尿問題，但「不在貓砂盆裡尿尿」與「噴尿」的意義卻大不相同！

貓不肯在貓砂盆裡排尿，反映了貓咪對於飼主準備的貓砂盆不滿意。

貓咪排尿與噴尿的差異

	正常排尿	噴尿
排尿次數	3～6次	超過以往上廁所次數
排尿量	尿量多	尿量少
排尿地點	地點固定	地點固定多處或新增
排尿後反應	上廁所後掩蓋	上廁所後不掩蓋
排尿狀況	以平面為主	平面和垂直面都可能
發生年齡	各年齡層都會發生	幼貓幾乎不會發生

——— 使用貓砂需要訓練嗎？ ———

貓咪在貓砂及貓砂盆裡上廁所，除了是天性，也是與人類生活後養成的習慣，在野外的貓咪會選擇樹葉堆或是雜亂的土堆上廁所。

噴尿行為則表示貓咪有心裡層面的焦慮和壓力，需要透過層層分析，找到根本原因。

貓咪天性不愛喝水？

很多飼主都知道要讓貓咪多多喝水，但執行起來卻很困難，因為貓本身並不喜歡喝水。為什麼讓貓咪喝水會這麼難呢？喝水難道不是一種進食的本能嗎？

對貓咪來說，喝水確實是一種進食本能，但牠們喝水的方式和人不一樣。貓咪是肉食性為主的動物，生活在自然界的貓咪，直接透過狩獵進食，進食時同時獲得肉、內臟和血水。但人類飼因為養的方便，所以通常都餵貓咪吃乾式飼料。

乾式飼料為了保存方便，因此缺乏水分，所以貓咪無法透過乾式飼料取得水分，必須另外攝取。再加上貓咪天生的口渴機制並不是非常發達，不習慣單獨攝取水分補充不足，所以貓顯得很不愛喝水。

除此之外，貓咪是否喝水有幾個條件：

◀ 挑選水質 ▶

水是否煮沸？是魚缸裡的水？馬桶裡的水？逆滲透的水？貓咪會依照自己的喜好作出喝水的選擇。除了礦泉水因為富含礦物質，絕對不能給貓咪飲用以外，其他就看貓咪的選擇。

◀ 飲水處擺放的位置 ▶

貓咪喝水的位置可以設置在貓休息區和時常經過的地點。貓不會因為口渴而找水喝，但會因為看到水碗、水盆，而感覺要喝水。如果發現一週後都沒看見貓咪在該地點飲水，可嘗試其他新的位置。

◀ 水的替換率 ▶

有些貓愛喝流動的水，這從某些貓咪飲用水龍頭中流下的水或喜歡喝馬桶內的水看得出來。有些飼主覺得這是因為貓喜歡流動的水，但不完全如此，貓更喜歡「經常更換的淨水」。所以如果你使

在貓咪常活動出
入口放置水盆

在貓咪經過路線
放置水盆

水盆可設置於
玩具區附近

用流動式飲水器，除了注意清潔之外，還需要每日更換新鮮的水，讓貓咪喜歡你為牠準備的專屬飲水盆勝過馬桶水。

如果嘗試以上方法後，貓咪仍然不願意多喝水，別忘了最終能夠符合貓咪天性的飲食方式——將餵食方式改用濕糧，或者將乾糧泡軟、在罐頭中摻水等方式讓貓咪增加水分攝取即可！

—— 別用錯誤方式強迫貓咪喝水 ——

有些飼主因為擔心貓咪不喝水，而採取較為強硬的方式，譬如說抓住貓咪，用針筒強行灌水、或者趁著貓咪睡覺時偷偷從嘴角灌水……這些方式即使剛開始可讓貓喝水，但貓咪也對飼主心生壓力，並且更討厭喝水，容易造成反效果。

貓咪控制不住自己，玩著玩著就攻擊我？

經常有飼主會碰到貓咪咬人或抓人的問題，如果出手狠一點，甚至可能掛彩或流血。飼主在疼痛或受傷後通常會大感憤怒，覺得貓咪這麼做是因為「牠們不知道咬人會痛」、「講都不聽，必須讓牠們知道咬人之後會有什麼後果」、「膽子這麼大！牠們不知道什麼是害怕」，於是會採用「以牙還牙」或「以暴制暴」的手段反擊。

但這種貓咪咬人或抓人的問題，也有可能是一種天性！

前面提到，貓有社交遊戲活動的天性，而狩獵正是遊戲的一種，只是這種遊戲方式很容易引起貓咪發動攻擊。

通常貓咪為了互動，會透過抓咬的方式邀請飼主，或企圖藉此引起飼主的注意，而且當貓咪每一次抓咬後，發現飼主都會自然給予回應，不管是發出聲、給予關注、眼神注視，或是動作上的反應，都讓貓咪判定「這麼做可以得到主人的注意」，久而久之就形成了牠和人類之間的相處模式。

出現這種狀況的飼主，經常是第一次養貓，而且家裡只有一隻貓咪。如果家中有多隻貓咪存在，貓咪會優先與同伴做狩獵遊戲，但因為家中沒有同伴也沒有其他小獵物，飼主就成了貓咪最好的玩伴。

　　貓在幼年期，經常和同伴們互相練習狩獵遊戲，藉此學習社交技巧、控制力道，但人不能以貓咪是否抓傷或咬傷自己為標準，判斷貓是在遊戲狩獵或是蓄意攻擊，也不能藉由自己是否受傷，判斷貓有沒有控制力道。

　　抓傷和咬傷人類並不是貓咪的本意，通常是飼主與貓的互動過程中，因為回應方式錯誤，讓貓咪誤以為「我需要加強力道，才能得到主人注意」。但無論如何，人都不能夠扮演幼貓的同伴或長輩，企圖教會貓咪控制力道。

　　作為飼主，到底該如何處理貓咪的遊戲攻擊行為？首先必須知道，貓咪不會對非獵物的東西伸出爪和牙，所以我們必須要讓貓咪去學習判定人的手和腳不是獵物，就不會有抓咬的情況發生。

　　貓咪的學習不需要特別訓練，飼主只要執行一套固定原則：手是撫摸，玩具才是獵物。不用手引逗貓咪狩獵，也不用手回應貓咪遊戲，同時用專屬玩具給予滿足，引導貓咪去狩獵牠玩具。貓咪一旦發現這套規則，就會改變狩獵主人的行為。

　　另外在遭遇貓咪撲咬時，請立刻終止與貓咪互動遊戲，離開現場。貓咪會透過你的反應，發現牠這樣做無法得到主人回應，以後這種行為就會漸漸消失。

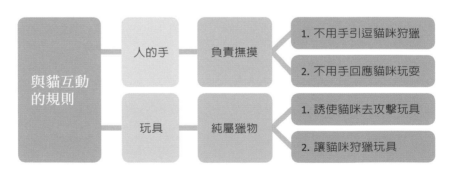

避免貓咪遊戲攻擊的互動規則

幼貓整天狩獵怎麼辦？

幼貓的活動力非常旺盛，不是人可以滿足的，經常發生因為玩不過癮，所以撲咬咬飼主手腳的狀況。建議養幼貓的飼主，可以一次飼養兩隻「已經相處融洽的幼貓」，讓牠們互相滿足彼此的活動力，減少對人類的遊戲攻擊。

貓咪不友善，總是亂「哈氣」？

很多飼主常見的錯誤，以為貓咪與貓咪是同類，能夠好好相處，於是無預警地帶回一隻新貓，想讓牠們「認識新朋友」，但結果通常是兩隻貓彼此哈氣、張牙舞爪，完全無法好好相處。

貓咪是認環境及氣味的動物，牠們自然的社交方式是在各處留下氣味。在自然的環境中，一隻貓與住在牠附近的貓雖然沒有打過照面，但彼此都熟悉對方的氣味，即使互相見面，也會保有一段「安全距離」。所以，當人為介入，使得一隻貓咪進到另一隻貓咪的領土範圍內，哈氣警告對方是理所當然的反應。

貓咪雖然需要與貓同伴社交，但絕不可以直接把牠們丟在同一個空間裡，這樣只會讓兩隻貓咪都拉起警報。

別把兩隻不熟悉的貓咪快速丟在一起，避免哈氣、排斥、攻擊

貓咪是沙發破壞狂？

貓咪的天性中有磨爪、留下氣味的本能，而且這是每天都必須做的事，所以貓咪如果扒抓沙發、破壞家具，並不是因為牠們無聊或搗蛋的緣故，而是某些家具的材質還有所在的位置非常適合讓貓咪標記氣味、留下視覺上的痕跡。

剪指甲、戴指甲套都不能解決貓破壞家具的問題，要想讓貓不去破壞住家的家具，必須先滿足貓咪磨爪的天性。

在貓咪尚未選上破壞目標之前，先給予牠能夠磨爪也喜歡磨爪的東西，例如貓抓板，讓貓咪習慣之後，再將貓抓板移動到家具附近，盡量多擺放幾個，位置遍及平面和垂直面。貓只要看到貓抓板，就會想起磨爪的感覺，自然放棄破壞家具。

寵物店的店貓為什麼比較友善？

有飼主反應，一些寵物店或動物醫院裡飼養的店貓，對於來來去去的陌生貓咪，態度相當友善，完全不會有哈氣反應，不知道是怎麼訓練的？其實這些貓的反應，並不是透過訓練的結果，而是因為店貓透過長期觀察，知道那些貓咪客人只會短暫停留，並不會真正去佔用自己的睡窩、食物和便盆。牠的「領地」很安全，自然也不會過於防備。

貓咪小常識

Part 5

貓奴們的大煩惱——

常見貓咪行為問題案例

解決貓咪
「遊戲攻擊」的問題

主人怎麼說

「跑跑」是一隻七個月的米克斯公貓，已結紮。

牠的習慣很不好，經常會突然猛撲向人的腳，有時候連續好幾下抓咬，力道很大，不但抓傷我們，甚至讓我們流血。雖然我用手把牠抱起或是推開，企圖讓他停止這種攻擊行為，但牠還是撲過來咬人，或把攻擊目標從腿移到手上，即使大聲跟牠說「不可以」也沒有用。

跑跑的攻擊，幾乎成為每天都要上演的戲碼，不管我們起身走動或是坐著不動都會發生！

貓咪怎麼說

我好無聊，想玩狩獵遊戲，而這個家裡唯一會動的目標，就是主人的手和腳。

以前小的時候，我撲主人玩耍，主人都會很快回應我，所以我就越玩越開心！

有一次我發現，如果用牙齒大力咬人，主人反應會變得非常激烈，他們會扮演獵物逃走，還揮舞著雙手或用叫聲來回應我……這真是太好玩啦！

行為專家告訴你

遊戲行為衍生的攻擊，可說是多數飼主最煩惱的問題，榮登問題排行榜第一名寶座。

這不表示貓咪不友善、真的要攻擊人，而是因為貓咪不懂得怎麼與人互動，所以很自然地用抓咬的方式表達。這類問題尤其容易發生在米克斯幼貓身上，很多飼主都抱著「等以後貓咪長大了，狀況會趨緩」的心態處理問題，但這種行為並不會隨著貓咪年紀增長而消失。如果飼主不能及時導正，問題會越演越烈。

在這個案例中，跑跑之所以攻擊人，是因為在家庭中，牠沒有同年紀的貓玩伴可以互相滿足狩獵欲望，而相形之下，屋裡飼主或家人們移動的手腳，就成為牠的玩具，而且在幼貓時期，牠一直都是這樣與人互動，自然養成了習慣，長大後發現咬人力道增強，還能引來更多注意，哪怕是閃避追逐也好，主人的驚叫聲或是企圖用枕頭阻擋的反應也好，都正向加強了牠遊戲狩獵的樂趣。牠自然樂在其中，樂此不疲了。

遊戲攻擊養成的原因

按部就班,解決問題行為

1. 請飼主每天固定時間與跑跑玩耍遊戲。玩耍時,盡量使用長距離的逗貓棒,以免攻擊目標容易落在飼主的手腳上。

2. 多玩丟紙球的遊戲,讓跑跑可以長距離奔跑,把紙球叼回,滿足狩獵欲望以及大量消耗體力。

3. 新增窗邊跳台,讓跑跑平日在家無聊的時候,能有一台「貓咪電視」可以觀賞。

4. 發生抓咬的當下,不是用手推開跑跑或是抓開牠,而是以紙板立刻擋住跑跑視線,讓牠喪失攻擊目標。

解決貓咪
「敵意攻擊」的問題

主人怎麼說

　　我家的貓「白白」非常喜歡攻擊家人，尤其針對手和腳啃咬。有一次牠非常大力地咬我的腳踝，我實在太生氣了，順手拿起拖鞋打了牠。以前我們確實因為不知道怎麼教白白不要這樣做，所以有幾次用體罰的方式教訓牠，但自從知道不能體罰貓咪後，已經連續幾個月都沒有再處罰牠了，但問題並沒有好轉。

　　現在白白仍然經常失控，有時候撫摸牠，牠會生氣地大聲喵叫並且反過來攻擊我們，平常也會沒來由地忽然就衝過來，攻擊家人的雙腳。我們還發現，牠的攻擊根本沒有理由，即使是沒有和牠相

處過的其他人來到我家，白白也會非常激動地衝過去，大聲喵叫，作勢要攻擊別人！

為了安全起見，現在我們只好將白白限制在房間內，以免波及到其他家人。

白白怎麼說

以前我想玩或是要吃東西的時候，就會咬主人的手，吸引主人注意，而他們也會陪我玩，或是拿我最愛吃的零食來餵我，但後來主人的態度突然變了，總是會攻擊我、打我，為什麼主人這麼可怕？我搞不清楚為什麼他會攻擊我？

在這個家裡，我每天困在屋裡生活，感覺非常緊張，又要面對生活中經常發生的威脅，無處可躲。有好幾次我趁主人開門的時候想要往外衝，但總是被擋了下來。

現在我覺得搶先發動攻擊是最能夠自我保護的方式，可以逼主人退開，讓他們不敢接近我。

行為專家告訴你

體罰貓咪的結果是可怕的，因為那有可能造成貓咪一輩子的陰影。

白白最初咬人手腳的舉動，是因為牠不知道該怎麼與人互動，如果在當時能夠立刻針對互動問題，培養白白與主人的正確互動方式，就可以解決問題。

但因為飼主的不理解，對白白進行了各種體罰，於是問題演變成白白為了保護自己而對主人發動攻擊，這種攻擊行為和經驗是一輩子不可能被消除的，只能藉由重新修補關係來讓白白恢復平靜，

但牠無法再變回一隻無憂無慮的快樂貓咪。

　　被體罰過的白白對於飼主用來處罰牠的手和腳有陰影，有時候飼主只是將手舉高或是想要靠近撫摸牠，但白白立刻會聯想到之前被體罰的記憶，於是本能發動攻擊回應。

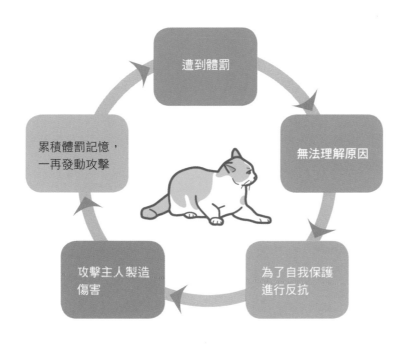

貓咪遭遇體罰後的惡性循環

　　很多飼主經常在貓咪做了不被允許的事情時，用體罰、怒罵或是嚇阻的方式，試圖控制貓咪的行為。但這種方式，反而會讓貓咪發現生活環境中的威脅。貓咪未必能夠理解飼主為什麼要體罰，但牠可能把體罰與地點、人物或是附近任何物品關連起來，這種心理狀態讓貓咪處於緊張狀態，缺乏安全感，很快就造成人貓關係緊張，惡性循環。

按部就班，解決問題行為

1. 立刻停止所有體罰、怒罵、嚇阻，讓貓咪不用每天面對這些刺激，無法控制地發動攻擊。

2. 調整環境，在室內空間中增設貓咪可以活動的第一路線，將容易發生衝突的地點改成第二條路線，並新增幾個高處的休息區，讓白白有能夠安心獨處的環境。

3. 待白白情緒恢復到較為放鬆的狀態後，開始進行遠距離遊戲，慢慢將人貓之間距離縮短。

4. 將原本體罰白白的手勢，建立一個新的意義，例如高舉手丟出零食，漸漸降低白白的敵意。

—————————— 當貓咪犯錯時，該如何處罰或警告牠？ ——————————

無論是何種逞罰方式我都抱持反對意見，原因非常簡單，逞罰不但無法教會貓咪，還會造成其他嚴重後果。最後問題沒有解決，可能衍生更多行為問題。例如：貓咪在床上尿尿，處罰的後果經常是讓牠換其他地方尿尿，不是因為報復，而是因為牠懷著壓力、到處嘗試。

另外，處罰或警告會造成人貓關係破裂，甚至有可能造成貓咪攻擊問題。

當貓咪犯錯時，找出問題根源才是解決之道。

解決貓咪
「瘋狂嚎叫」的問題

主人怎麼說

　　「彎彎」是一隻一歲大的米克斯貓。牠的叫聲令人非常困擾，已經造成了大家生活上的不便。

　　我住在公寓五樓，每天晚上回家時，在一樓就能聽到彎彎大聲嚎叫，即使我開門進屋後好言安撫，牠也不肯停止。我給足了食物和水，也清理了貓砂盆，但彎彎依然斷斷續續叫個不停。一旦我進入廁所，彎彎就會在廁所門外用力大叫，還越叫越大聲。我實在不知道該怎麼回應彎彎的喵叫，也看不出牠到底需要什麼，到底我該怎麼做，才能讓牠知道我不喜歡牠這樣叫呢？

彎彎怎麼說

　　我叫是因為想要主人理會我啊！平常白天只有我一隻貓在家，好無聊，只能睡覺發呆，好不容易主人回來，我一聽到主人的腳步聲就好高興。

　　主人很忙，我必須大聲叫喊，才能吸引他的注意力。每當我大聲喵叫，主人就會注意我。有時候他會丟給我玩具或餵我零食，這都是因為我大叫的緣故。如果我不叫，他就不會在意我。

　　主人有時候會把自己關在廁所裡，但是只要我一直叫一直叫，他就會出來了！我得把他叫出來陪我玩～

行為專家告訴你

在這個案例中，彎彎是一隻擅長用喵叫聲來表達的貓咪，牠在與主人相處的過程中，學習到用叫聲可以引起注意、達到目的，久而久之就習慣性地不斷叫個不停。

這個家中，單調的環境是導致問題發生的主因。雖然屋裡留有食物和水，但是空蕩蕩的家裡沒有設置可以讓貓咪看風景的對外窗、主人回家的時間也不定時，沒有規律地與彎彎互動，所以彎彎只好不斷地用叫聲企圖尋求主人關注。

按部就班，解決問題行為

1. 在窗邊設置跳台，讓彎彎可以在白天的時候在窗邊吹吹風、看看落葉以及飛過的小鳥和戶外的動靜。

2. 固定時間遊戲，每次約為15分鐘，利用逗貓棒讓彎彎跳上跳下，排解牠的無聊。

3. 家中可以添置益智性的漏食玩具，讓彎彎可以在主人不在家的時候，動動手也動動腦以獲得食物。

4. 飼主可以在彎彎沒有叫的時候多給予關注，透過撫摸或是給予食物獎勵，讓彎彎發現即使牠不叫，也能得到渴望的注意。

──────── 為什麼貓咪老是擋在電腦或電視前面 ────────

貓咪不是想要阻止你打電腦或是滑手機，牠只是想到你面前「刷存在感」，因為這麼做是最有效引起你注意的方法。如果你的貓這麼做，或許表示你沒意識到自己已經滑很久的手機、看很久的電視，而貓咪想要告訴你牠好無聊！

解決貓咪
「尿在砂盆外」的問題

主人怎麼說

　　「妞妞」已經七歲了，一直都有亂尿尿的問題。牠專門尿在名牌包、沙發、地毯、還有手機上頭，到底為什麼妞妞這麼「聰明」，專門挑昂貴的東西尿呢？

　　家裡還有另外一隻貓，牠上廁所就很乖，沒有亂尿尿的問題，平常還會管教妞妞。

　　到底妞妞是不是有什麼地方不滿？還是牠們兩個感情不好，所以妞妞不願意上另外一隻貓用過的廁所呢？

妞妞怎麼說

　　主人把貓砂盆放在陽台區，但我很怕陽台，那裡曾經發生讓我覺得不舒服的的事情，我不想去陽台上廁所。

　　而且主人用的貓砂有香味，我覺得好刺鼻，最不能接受這種味道了！看來還是在沙發上和地毯上尿尿比較安心，味道也比較熟悉。

行為專家告訴你

　　經過觀察發現，妞妞的主要活動範圍都在客廳裡，幾乎不願意靠近陽台，更別說是去陽台上廁所了。這有可能是通往陽台的動線及出入口不良的問題，導致對妞妞來說，陽台是一個牠不願接近的地點。

　　再加上家裡的貓砂盆數量只有一個，妞妞必須與另外一隻貓共用砂盆，清潔度不是很理想。在這種的狀況下，貓咪自然會去另尋其他滿意的位置來上廁所。

　　妞妞並不知道什麼是貴重物品，可能是因為飼主將貴重物品擺放在貓咪願意上廁所的地方，導致了被破壞的誤會。

　　主人擔心貓咪感情不好，導致亂尿尿的問題，在這個案例中並不存在。其實貓咪之間即便感情非常要好，也不能代表牠們彼此能接受對方使用過、清潔度不佳的砂盆。

按部就班，解決問題行為

1. 更換一款較舒適的貓砂。

2. 新增一個貓砂盆，放在客廳，而非原本的陽台。

3. 考量到另外一隻貓咪已經習慣陽台區的廁所，使用情況良好，因此保留陽台區原本的砂盆。

4. 維持砂盆最佳的清潔度。

5. 矯正期間將原本會刺激妞妞去尿尿的物品（如殘留味道的地毯或物品）收好，待狀況穩定後再恢復放置位置，將不會再發生亂尿尿的問題。

———— 貓咪受到驚嚇（如鞭炮聲），該怎麼處理？ ————

貓咪面臨害怕的事情，會尋找藏身之處躲起來，只要讓貓咪有躲好藏好的地點就可以了，不需要刻意安撫，也不需要去「探望」牠，或者把牠拉出來、抱牠安慰。請裝作完全不知情的樣子，不去注意貓咪躲到哪裡去，這樣才能能讓貓咪認為自己擁有絕佳的藏身之處，增強牠的安全感。等貓咪心情恢復、感覺安全了，就會自然出現。

貓咪
小常識

解決貓咪
「焦慮噴尿」的問題

主人怎麼說

「圓仔」是從一個多月大的時候就開始飼養的貓，現在已經四歲了，前陣子牠尿中帶血，還在家裡到處噴尿，醫生檢查後沒有發現生理上的疾病，於是沒有做治療，過了一陣子血尿消失了，但噴尿的問題仍然嚴重，為了避免牠滿家亂尿，我們於是用了大家建議的方法——關籠處罰。

雖然很不忍心一直關著牠，但一放出來就會無止盡的尿床，電腦、包包、塑膠袋、紙箱，無一倖免。我們覺得這是因為最近家裡有兩隻新貓成員加入有關，但奇怪的是，圓仔一開始並沒有噴尿，而是新貓入住一個月後才開始有這種情況。我們也嘗試過用貓咪費洛蒙或安穩項圈、貓草等等，但似乎沒有任何幫助。

圓仔怎麼說

以前這個家裡只有我一隻貓，愛去哪裡活動都不受限，但最近來了兩隻新貓，我因此被隔離在房間裡。房裡面很無聊，只能睡覺、吃飯和上廁所，但我還有其他生活需求！

對於新來的陌生貓咪，我決定用尿液來告訴牠們，哪些東西是屬於我的！

行為專家告訴你

經過觀察，我發現圓仔同時有兩個問題，一個是「焦慮噴尿」，而另一個則是「不在便盆裡上廁所」，其中以焦慮噴尿的表現最為明顯。

貓咪承受壓力的時候身體會出現各種反應，血尿也是其中之一，但其他生理疾病也會有血尿的反應，所以為了確保圓仔的身體狀況，必須先讓獸醫師詳細診斷。經過診療之後我們發現，圓仔雖然血尿，卻沒有任何生理疾病的跡象，這就表示純屬壓力導致的行為問題。

依照主人的敘述，圓仔的噴尿情況的確與家中新來的兩隻貓咪有直接關係，圓仔覺得牠必須奪回環境資源的所有權，於是用噴尿的方式來表現。

關籠無法解決貓咪的任何問題，只是方便主人的清理。而關籠的圓仔在重獲自由後，立刻出現了類似強迫症的行為。牠在房間內遵循相同的路線行走，並且不停噴尿，無法被中斷或是轉移注意力，持續將近五個小時之久。幸好在後續配合其他方面調整之後，才漸漸恢復正常。

按部就班，解決問題行為

1. 永遠不再關籠（採用房間為單位的進行隔離），把圓仔的活動空間擴大，並且提供對外窗給貓咪觀賞。

2. 暫時與同住的貓咪避免任何接觸，降低圓仔的壓力。

3. 將絕對不能被尿的東西用塑膠袋套好，例如電腦主機等物，避免災情擴大。

4. 請在圓仔活動的空間裡，準備充分的貓抓板及貓咪喜歡的布類，
安排在適當的位置，讓牠能夠盡情使用，發洩壓力。

5. 當圓仔噴尿的狀況消失後，再視情況讓牠與新貓咪們在吃飯或遊
戲的狀況下重新認識彼此。

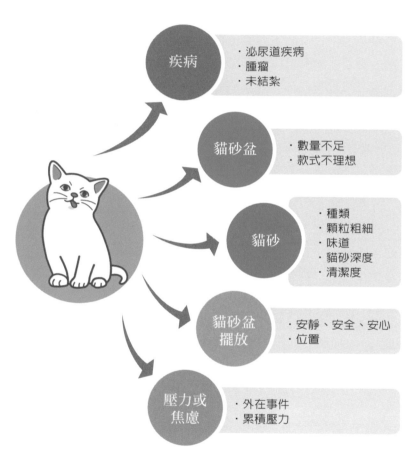

疾病
・泌尿道疾病
・腫瘤
・未結紮

貓砂盆
・數量不足
・款式不理想

貓砂
・種類
・顆粒粗細
・味道
・貓砂深度
・清潔度

貓砂盆擺放
・安靜、安全、安心
・位置

壓力或焦慮
・外在事件
・累積壓力

常見影響貓咪亂尿的原因

解決貓咪「亂尿家具」的問題

主人怎麼說

　　「阿福」是一隻米克斯混蘇格蘭折耳公貓，已絕育，三歲。牠平常很乖，但有一次我出差五天，回來之後，阿福就不願意在便盆裡上大號，取而代之的是在沙發、床鋪、便盆外面和附近解決。因為阿福有腸胃道寄生蟲，所以從小排便量比較多，一天約三到五次左右。

　　這種狀況起初兩、三天發生一次，雖然經過一個月的管教，卻沒有改善，反而越來越嚴重，現在每天都如此。有好幾次剛好被我看到，我大聲責罵牠、故意拍手嚇牠、推牠離開，然而不但沒有改

善問題，反而嚇到了牠。阿福以前跟我非常親近，現在看到我要伸手摸牠，牠就拚命閃躲，非常害怕，我該怎麼辦呢？

阿福怎麼說

我一天需要三到五次排便、四到五次的排尿，但主人只給我準備了一個貓砂盆，完全不夠用！

有一次主人不在家，我發現在沙發上廁所的舒適度比在砂盆裡還要好，於是後來幾乎都選擇在沙發上排便。但主人見到這種情況就大呼小叫，所以我改到床上去解決，但主人還是很生氣，我於是又嘗試尋找了與其他與沙發差不多的地方當廁所……

行為專家告訴你

砂盆的清潔度不佳，是導致阿福開始尋找在家具及砂盆之外，其他地方排便的主因。雖然主人出差的時候請友人代為清理，但因為方式和清潔度可能不同，阿福於是「另謀生路」。後來主人雖然回家，但阿福已經發現，在其他處上廁所的經驗遠比在砂盆裡更美好，所以後來牠總是選擇沙發、床鋪之類的位置，較少使用便盆。

另外，一般貓咪的排便次數約為一天一到兩次，不過因為阿福的腸胃較弱，砂盆使用頻率也比一般貓咪高。計算主人不在家的時間和阿福使用的次數，家裡只有一個便盆是不足的。有些貓咪習慣在一處砂盆排尿後，另尋第二處砂盆排便，這是正常的行為。

至於貓咪和主人的關係疏離，和主人大聲斥責、體罰有絕對的關係。

按部就班，解決問題行為

1. 新增一個便盆，保持便盆清潔度。

2. 停止所有「制止」和「處罰」。壓制的行為不能解決阿福的問題，還可能把問題複雜化。

3. 將原本的水晶砂汰換為吸臭效果較好的凝結松木砂，不添加其他除臭或芳香劑。

4. 盡快找出造成阿福軟便的食物，以免生理上的不舒服造成阿福不願意使用砂盆。

5. 調整餵食時間和份量，將排便的時間盡量調整到主人在家的時段，這樣一來可以確保主人有時間清潔砂盆，避免主人不在家的時候，阿福頻繁使用砂盆卻無人清潔。

解決貓咪
「焦躁舔毛」的問題

主人怎麼說

我們家一共有五個成員，爸爸、媽媽、兩個弟弟與我，還有一隻貓叫「嗚咪」。嗚咪是隻黑貓，目前兩歲，前幾個月開始發現牠一直在舔肚子和大腿，因為是黑貓的關係，掉毛非常明顯。雖然獸醫師檢查過皮膚，吃了幾次藥也換過醫院治療，但是狀況仍然沒有改善。想知道嗚咪到底是為了什麼原因，才會把毛都舔掉了呢？

嗚咪怎麼說

我好害怕，在這個家裡，我經常被主人從餐桌、櫃子、椅子上「抓起來」。我很不喜歡被抓起的感覺，因為每一次被抓到，他們都會對我做一些可怕的事情，像是剪指甲、清耳朵、去醫院，還經常被不舒服地摸來摸去。

以前我會在哥哥腿上睡覺，但是每次醒來要離開的時候，他都會抱住我，不讓我走，所以現在我不喜歡靠近哥哥了。另外有時候我經過弟弟身邊，總會被他嚇到，因為他經常伸手拍我的屁股或抓我的尾巴……這些動作都讓我好害怕，雖然我努力閃避，但常常沒能逃掉。

我天生膽子比較小，對於這些狀況不知道該怎麼辦。而且我也已經很久沒有狩獵了，沒有信心能夠保護自己。

行為專家告訴你

這是一個典型貓咪承受過多壓力，反應在行為上的案例。從主人的觀點來看，他們很關心貓咪，但從貓咪的角度來看，那些親密的動作，如抓抱、輕拍屁股或抓尾巴，都造成了嗚咪的壓力。

和人想像的不一樣，貓咪的壓力來源有可能來自於生活中的任何一個環節，包括與同住的成員之間相處是否融洽，或是環境是否能夠讓貓咪自在自處等等，而這些感受算不算是壓力，必須以貓咪的感受為判斷標準。

在處理這個個案時，我透過觀察，嗚咪最大的壓力來源，來自於人類手部的碰觸，原因可能是牠平日的觸碰經驗不佳，累積太多負面的陰影，譬如因為不讓貓咪上餐桌，所以反覆地將嗚咪從桌上抓下來，或是家人們突然從背後觸摸嗚咪、力道不對的輕拍……這些小動作造成嗚咪必須時時刻刻提高警覺，必要時隨時竄逃，以避開不喜歡的事情。

另外，我們還發現嗚咪很喜歡看著窗外的小鳥，但因為牠抓不到鳥，無法狩獵，平時又缺乏與主人的遊戲互動，因此只好藉由理毛來宣洩壓力。

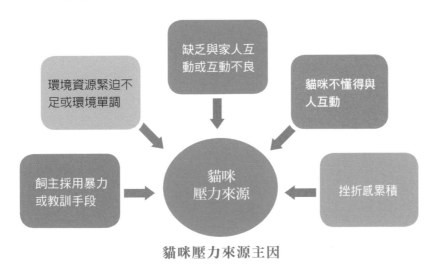

貓咪壓力來源主因

按部就班，解決問題行為

1. 每天定時與嗚咪遊戲，讓嗚咪可以透過與主人的正確互動，重新建立與主人的相處關係。

2. 找出嗚咪的壓力來源，如牠不喜歡手部觸碰，就盡量避免突然觸碰以及任何讓嗚咪反感的手部行為。

3. 試著用手沾潤濕食，引誘嗚咪主動接近，讓嗚咪透過舔食手指的方式，建立牠對於人手的新認識。

4. 如果不希望嗚咪去某些地方，如桌子或椅櫃上，請採用引導方式讓嗚咪下來，並安排其他能夠跳躍或活動的地點，讓嗚咪能夠取代。

5. 建議飼主學習與貓咪接觸的方法，盡量讓每一次與嗚咪的接觸，都是牠良好的記憶。

解決小貓
「過動騷擾」的問題

主人怎麼說

　　家裡養了一隻新貓，是九個月大的米克斯小橘貓「Ohoh」。家裡另外有兩隻成貓。Ohoh來家裡後，雖然經過了一個星期的隔離，但牠單獨在房間裡時總是叫個不停。後來Ohoh放出來與兩隻舊貓見面，但每次牠與其他貓對上，就猛追著其中一隻貓哥哥咬個不停！貓哥哥被攻擊得很生氣，不停哈氣、哀哀叫、到處竄逃，兩隻貓總是扭打成一團，幾乎無法好好相處。我擔心Ohoh與貓哥哥不合，造成貓哥哥的壓力，　該怎麼辦呢？

Ohoh 怎麼說

　　自從被撿到之後，我一直住在籠子裡面，好不容易到了新家，終於可以出來找玩伴了！我逐漸長大了，該學習狩獵技巧啦，如果這個年紀不加緊練習，以後我要怎麼保護自己呢？

　　家裡有兩隻貓哥哥，其中一個我特別喜歡。我總是邀請哥哥來陪我練習，但牠常常大叫著然後逃跑！我覺得牠是在扮演獵物，讓我去追捕牠。在狩獵遊戲裡能夠扮演勝利者，真令貓開心啊～

行為專家告訴你

　　經過觀察，我發現主人擔心的問題其實並沒有發生，貓咪之間

互動的時候並沒有受傷，也不是因為個性衝突或是爭奪地盤造成的攻擊，所以無關壓力或是新舊貓不合的問題。

兩隻成貓的行為及生活，並沒有因為 Ohoh 的到來而改變。大貓咪之所以對著 Ohoh 哈氣，是單純警告「你不要離我太近」、「走開！我沒有想要與你互動」。

至於 Ohoh 對哥哥的突襲行動，是幼貓精力旺盛所造成的問題。

因為主人上班的時候，Ohoh 幾乎都在房間裡休息，再加上牠年紀還很小，體力十足，生活又太無聊的關係，所以一碰上大貓們就展開狩獵遊戲。

按部就班，解決問題行為

1. 在貓咪們放風見面時，利用羽毛逗貓棒吸引 Ohoh 注意、玩耍，並用紙箱、貓隧道等物品增加遊戲的難度。

2. 添設一座四層高的貓跳台，讓 Ohoh 跳上跳下，比平面活動時多消耗三倍體力。

3. Ohoh 叫個不停是因為牠總被關在小房間限制行動，希望有人注意到自己。要解決這個問題，只需要固定時間遊戲就行了，不需要特別處理。

4. 在客廳新增三個高處位置，每個位置的面積只能容納一隻貓，讓貓哥哥可以選擇最佳防守地點待著，減少貓哥哥在地面時很容易成為 Ohoh 鎖定狩獵的目標。

解決多貓家庭
「無法共處」的問題

主人怎麼說

　　家裡一共養了三隻貓，其中兩隻貓晶晶和糖糖總是打架，不知道為什麼，晶晶每次見到糖糖，就非得動粗不可？

　　我們以前住的房子有五十多坪空間，後來搬到十多坪的樓中樓，不管房子大小、樓層多寡，貓咪打架的狀況都一樣。雖說牠們很少受傷，但很希望能夠找到方法讓三隻貓和睦相處。

晶晶怎麼說

　　我需要能夠單獨休息的地方，最喜歡樓梯下方轉角的櫃子頂，那裡視野好，位置又舒適，所以我大部分時間都在這裡。但糖糖經常靠近，侵入我休息的區域。牠每次出現，我都得揮拳把牠打走，以免牠佔了我的好地方。

　　其實我也不想打來打去，但家裡通道狹窄，除了暴打糖糖，我想不到有別的辦法保護我喜歡東西的使用權。還有，家裡只有一個貓廁所，如果糖糖

使用了那個廁所，廁所就髒了，我只好去床上上廁所！所以如果糖糖靠近貓砂盆，我就得動手把牠趕走。

糖糖怎麼說

我其實非常怕打架，每次只能逃到角落，無路可走。晶晶不喜歡我靠近牠，有時候我只是路過而已，牠就對我揮拳，嚇得我只能落荒而逃。這種情況每天大概要發生三到五次左右。這個家上上下下都沒有其他的道路可以走，也沒有什麼好地方可以躲藏，我時常找不到能夠安心休息的地方，不管在哪裡，都會碰上晶晶。因為我打不贏牠，所以最後只能躲在櫃子底下睡覺，那裡似乎比較不會被人發現。

行為專家告訴你

在這個案例中，主人總覺得兩隻貓是因為不合而打架，但其實晶晶與糖糖是典型為了爭奪資源而不合。一旦能夠妥善解決資源問題，滿足兩隻貓的需求，問題就迎刃而解。

貓咪對於自己在意的東西，一旦數量不足或是與同伴關係不夠好，就不願分享。居家平面的空間大小固然重要，但如果沒有妥善安排資源，同住的貓咪彼此分配無法達到平衡，就會發生爭奪。

飼主經常有一種奇怪的觀念，覺得可以居中干涉，教導貓咪如何分配資源（例如告訴貓咪，哪個貓床是哪隻貓所擁有的），對此，貓是完全不能理解的。

貓咪就像人一樣，各有喜好，因此在處理糾紛之前，我們必須先觀察家中每一隻貓咪最在意的東西，有可能是食物也有可能是休息區。針對所需，增加數量之後，貓咪之間會自己找到平衡點。

按部就班，解決問題行為

1. 記錄所有打架地點，並豐富現有環境的資源，例如在窗邊新增跳台或吊床。

2. 當貓咪打架的時候，最好的方式不是立刻撲上去制止，或強硬的將貓咪抱走、帶開，而是用紙板隔離貓咪的視線。失去目標，貓咪自然會停止打架。

3. 將貓砂盆增加到三個（或以上），並且注意清潔的時間點，盡量保持貓砂盆的清潔度。

4. 在這則案例中，晶晶另外還有尿在床上的問題。增加貓砂盆並保持清潔後，如果晶晶尿在床上的問題解除，應該重新開放臥室空間，避免室內活動空間不足產生的問題。

——— 買了新貓跳台或貓窩，但貓咪卻不肯用，怎麼辦？ ———

1. 先將跳台或貓窩變換位置，跳台建議安置在窗邊，貓窩可以多更換幾個地點來嘗試。

2. 如果貓咪幾乎不使用，請確認貓窩本身的大小和材質，是否不符合貓咪需求。

3. 觀察附近是否有貓咪經常使用的睡窩或跳台。貓咪會優先選擇自己最喜愛、最習慣的那一個使用，建議將兩物移換位置，拉開距離。

解決高冷貓
「不親人」的問題

主人怎麼說

「巧虎」是領養來的米克斯貓咪，剛開始非常怕人，養了半年後才建立了感情。但我們始終摸不到牠，唯一可以摸到的機會，是趁巧虎吃飯的時候邊吃邊摸，但是後來也沒有因此拉近距離。

目前巧虎總和我們保持距離，牠走路經過我們時會刻意避開，也不肯在我們旁邊睡覺或是休息，所以越來越難摸到牠，更別提剪指甲了！

巧虎怎麼說

以前在外流浪，對人有許多不好的記憶。後來有人抓住我，帶我去了一個叫做醫院的地方，那裡有很多不認識的貓貓狗狗，都被抓來。我不知道這些人打算要對我做什麼，我只記得只要被人抓住，怎麼掙扎都沒用……人的手好可怕啊，我忘不了那樣的遭遇，所以決定跟任何人類都要保持距離！

行為專家告訴你

原本在外面流浪的貓咪們，可能很少有正常與人類接觸過的學習經驗，經常有的都是一些「被抓起」、「受傷害」之類的體驗，所以牠們很容易建立起「人手很危險」的經驗，即便能夠接受人類近距離餵食，或是自己願意主動靠近、磨蹭、討食的野貓，也不代

表可以接受被人抓起。因為在貓咪的邏輯裡,「主動磨蹭」和「被抱」是兩件截然不同的事情。

　　巧虎對手的害怕是強烈的,因此無法藉由邊吃邊摸的過程,消除對人手的恐懼。

按部就班,解決問題行為

1. 首先必須降低巧虎每天提心吊膽閃躲主人的戒心,請主人暫時完全忽略巧虎的存在,不主動給予肢體互動,給予足夠的餵食,讓巧虎不用擔心會有人靠近。這個空檔可以讓巧虎透過自身觀察力去學習:這個家裡沒有人會抓我。

2. 每日固定時間進行遊戲,藉由讓巧虎狩獵遊戲提升牠的自信心,讓貓咪在面對事情時,不會優先選擇害怕逃走。

3. 在住家空間中,增加高處環境,使巧虎可以透過走地面上的高處通道、路線,增加內心安全感。並且透過位在高處,偶爾與主人上下接近的距離感,學習到即使與人靠近些,也不會發生令牠擔心害怕的問題。

4. 在不勉強狀況下,嘗試使用手指給予巧虎濕零食(如肉泥之類)的食物,使巧虎可以輕舔飼主的手指,讓牠重新建立對於人手的認識。

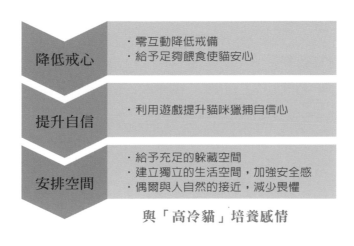

降低戒心	・零互動降低戒備 ・給予足夠餵食使貓安心
提升自信	・利用遊戲提升貓咪獵捕自信心
安排空間	・給予充足的躲藏空間 ・建立獨立的生活空間,加強安全感 ・偶爾與人自然的接近,減少畏懼

與「高冷貓」培養感情

國家圖書館出版品預行編目資料

全圖解貓咪行為學/單熙汝著. -- 初版. -- 臺北
市：商周, 城邦文化出版：家庭傳媒城邦分公
司發行, 2018.05
面； 公分. -- (生活館)

ISBN 978-986-477-441-8（平裝）

1.貓 2.寵物飼養 3.動物行為
437.364   107004761

全圖解貓咪行為學

作　　　者／單熙汝
企畫選書人／陳名珉
責 任 編 輯／陳名珉

版　　　權／翁靜如
行 銷 業 務／李衍逸、黃崇華
總　編　輯／楊如玉
總　經　理／彭之琬
發　行　人／何飛鵬
法 律 顧 問／元禾法律事務所　王子文律師
出　　　版／商周出版
　　　　　　115台北市南港區昆陽街16號4樓
　　　　　　電話：(02) 25007008　傳真：(02) 25007579
　　　　　　E-mail:bwp.service@cite.com.tw
發　　　行／英屬蓋曼群島商家庭傳媒股份有限公司城邦分公司
　　　　　　115台北市南港區昆陽街16號8樓
　　　　　　書虫客服務專線：(02) 25007718‧(02) 25007719
　　　　　　24小時傳真服務：(02) 25001990‧(02) 25001991
　　　　　　服務時間：週一至週五09:30-12:00‧13:30-17:00
　　　　　　郵撥帳號：19863813　　戶名：書虫股份有限公司
　　　　　　E-mail：service@readingclub.com.tw
　　　　　　歡迎光臨城邦讀書花園　　網址：www.cite.com.tw
香港發行所／城邦（香港）出版集團有限公司
　　　　　　香港九龍土瓜灣土瓜灣道86號順聯工業大廈6樓A室
　　　　　　電話：(852) 25086231　　傳真：(852) 25789337
　　　　　　Email：hkcite@biznetvigator.com
馬新發行所／城邦（馬新）出版集團　Cite (M) Sdn. Bhd.
　　　　　　41, Jalan Radin Anum, Bandar Baru Sri Petaling,
　　　　　　57000 Kuala Lumpur, Malaysia
　　　　　　電話：(603) 90563833　　傳真：(603) 90576622

封 面 設 計／黃聖文
插 畫 繪 圖／陳婷衣
排 版 設 計／豐禾設計
印　　　刷／韋懋實業有限公司
經　銷　商／聯合發行股份有限公司
　　　　　　電話：(02)29178022　　傳真：(02)29110053
　　　　　　地址：新北市231新店區寶橋路235巷6弄6號2樓

2018年 5 月 8 日初版　　　　　　　　Printed in Taiwan
2024年 8 月 1 日初版14刷
定價／350元

城邦讀書花園
www.cite.com.tw

商周出版

廣　告　回　函
北區郵政管理登記證
台北廣字第000791號
郵資已付，免貼郵票

115台北市南港區昆陽街16號8樓

英屬蓋曼群島商家庭傳媒股份有限公司

城邦分公司　收

請沿虛線對摺，謝謝！

書號：BK5135	書名：全圖解貓咪行為學	編碼：

請於此處用膠水黏貼

 商周出版

讀者回函卡

感謝您購買我們出版的書籍！請費心填寫此回函卡，我們將不定期寄上城邦集團最新的出版訊息。

不定期好禮相贈！
立即加入：商周出版
Facebook 粉絲團

姓名：＿＿＿＿＿＿＿＿＿＿＿＿＿＿ 性別：□男 □女

生日：西元＿＿＿＿＿＿年＿＿＿＿月＿＿＿＿日

地址：＿＿＿＿＿＿＿＿＿＿＿＿＿＿＿＿

聯絡電話：＿＿＿＿＿＿＿ 傳真：＿＿＿＿＿＿＿

E-mail：

學歷：□ 1. 小學 □ 2. 國中 □ 3. 高中 □ 4. 大學 □ 5. 研究所以上

職業：□ 1. 學生 □ 2. 軍公教 □ 3. 服務 □ 4. 金融 □ 5. 製造 □ 6. 資訊

□ 7. 傳播 □ 8. 自由業 □ 9. 農漁牧 □ 10. 家管 □ 11. 退休

□ 12. 其他＿＿＿＿＿＿＿＿

您從何種方式得知本書消息？

□ 1. 書店 □ 2. 網路 □ 3. 報紙 □ 4. 雜誌 □ 5. 廣播 □ 6. 電視

□ 7. 親友推薦 □ 8. 其他＿＿＿＿＿＿

您通常以何種方式購書？

□ 1. 書店 □ 2. 網路 □ 3. 傳真訂購 □ 4. 郵局劃撥 □ 5. 其他＿＿＿

您喜歡閱讀那些類別的書籍？

□ 1. 財經商業 □ 2. 自然科學 □ 3. 歷史 □ 4. 法律 □ 5. 文學

□ 6. 休閒旅遊 □ 7. 小說 □ 8. 人物傳記 □ 9. 生活、勵志 □ 10. 其他

對我們的建議：＿＿＿＿＿＿＿＿＿＿＿＿＿

＿＿＿＿＿＿＿＿＿＿＿＿＿＿＿＿＿＿

＿＿＿＿＿＿＿＿＿＿＿＿＿＿＿＿＿＿

請於此處用膠水黏貼